豬籠草 *Nepenthes*

Ernest Haeckel（1852-1911）

苔蘚類植物 *Polytrichum* *Ernest Haeckel*（*1852-1911*）

樹蕨類植物 *Alsophila*

Ernest Haeckel（1852-1911）

L'Intelligence Des Fleurs

花的智慧

墨利斯・梅特林克（*Maurice Maeterlinck*）◎著
陳蓁美◎譯

晨星出版

【目次】

007 花的智慧

008 植物
011 命運
014 種子
018 果實
022 根
026 舞蹈
028 浮游
033 悲劇
036 自我防衛
042 婚禮
049 花朵

052 發明
058 天才
061 機械
065 蘭花
067 昆蟲
073 授粉
076 改良
079 想像力
083 單純化
085 蜜腺

087 細工
091 適應
096 一般知性
099 自然
101 幸福
104 地球靈
106 洞窟
110 意志
112 精神

114 香味

花的智慧

植物

我在這裡，只是想提醒大家幾個深爲植物學家們熟稔的事實，我沒有任何的新發現，這些拙見只是一些基本的觀察而已。

我必須嚴正的說，我並沒有試圖想要一一驗證植物的聰明才智。但特別是在花朵的世界裡，這些能凸顯出植物生命努力迎向光明與性靈的實據證明不僅數量無限，而且還在持續不斷地發展。

即使是那些遲鈍不幸的花草，也不致於全然缺乏智慧與才能，每一株花草都竭盡所能地完成與擴張生存的形式。爲了達到這個目的，這些花草必須遵循與大地相依相生的法則，克服種種困境，其難度比起動物爲了繁衍而面臨的艱難，只有過之而無不及。

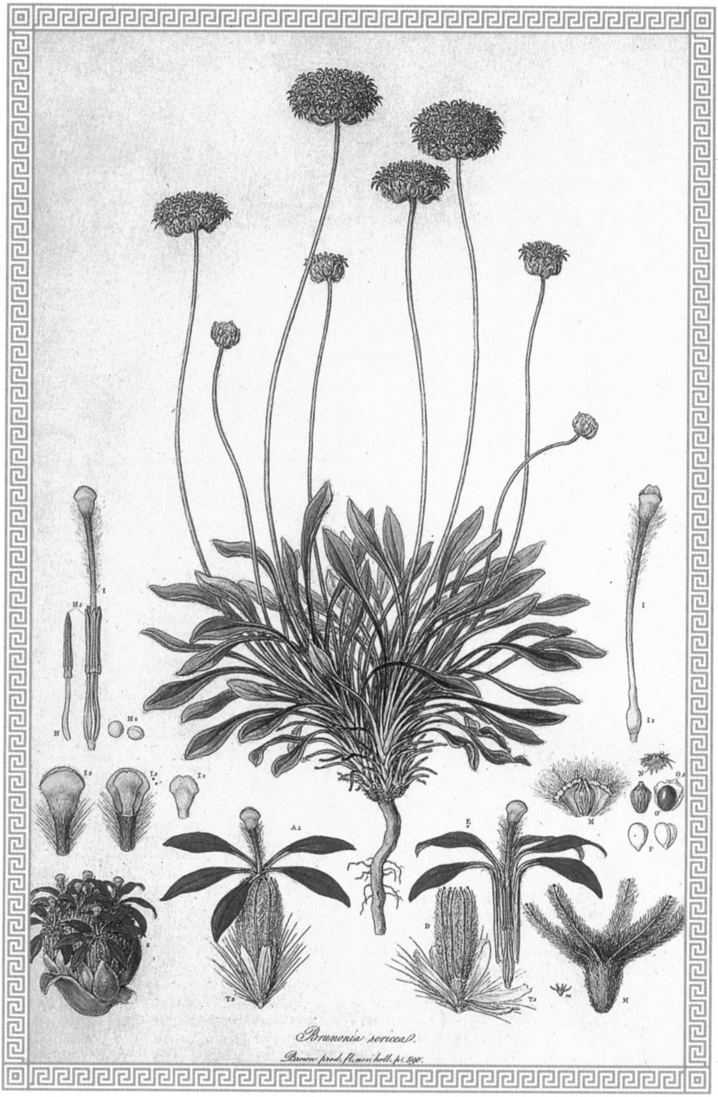

繡球花 *Brunonia sericea* *Ferdinand Bauer（1760-1826）*

原產地為澳洲。這張圖是繪者到澳洲勘查時所繪製的圖譜，非常細緻，下方還附有花序、花蕊及子房的分解圖。

更厲害的是，大部分的花草都善於借助某些詭計、手段、機器裝備*1、陷阱等等，而從它們所具有的彈道學*2、航空技術，以及對昆蟲的觀察力等方面看來，它們所具有的知識與創造力都比人類更勝一籌。

*1 作者在本文多次引用「機器裝備（*machinerie*）」此一說法。

*2 彈道學是研究發射至太空物體移動的科學，如火箭、飛彈等。

命運

我們沒有必要在此重述花朵授粉的偉大系統——雄蕊與雌蕊的遊戲、香味的誘惑、和諧又璀璨的色彩魅力、花蜜的醞釀等等。花蜜對花朵本身並無用處，花朵生產花蜜只是爲了吸引並挽留那些像是蜜蜂、熊蜂、蒼蠅、蝴蝶、飛蛾等陌生的解放者或是愛情的信差，請牠們捎來在遠方靜靜守候的情人的吻。

植物的世界看起來是如此的平和謙卑，而且似乎充滿著默默承受、靜思順從，然而相對地，它們與命運的搏鬥卻也顯的最是頑烈固執。提供植物養份，同時也是植物最基本的器官——根部——將植物與土地緊緊相連。人類或許很難在各種枷鎖中列舉出最沉重的一種，但是對植物來說卻是輕而易舉，那就是它們注定從出生到死亡都無法移動的命運。它比往往只知分散力氣的人類更清楚該先反抗什麼，而植物從根部黑暗處升起的定念能量，在光明世界裡統合後，綻放爲美麗的花朵，這無疑是一場精彩絕倫的演出。

整株植物都致力於一個相同的目標：往上發展以逃脫下方黑暗的命運、拋棄沉重陰森的法則、打破封閉的空間、發明或是借助一雙羽翼，盡量逃得遠遠地、戰勝命運的枷鎖、探向另一個生氣蓬勃的國度……。但願它能順利到達！要是我們也能不爲時間束縛並擺脫命運的枷鎖，要是我們也能進入一個不爲定律侷限的國度裡，不也同樣令人驚歎？我們將見證，花朵向人類揭示了一個不屈不撓、屹立不搖、勇敢聰慧的最佳典範。

如果我們能夠褪去那些壓在我們身上的、種種不可抗拒的枷鎖，例如苦痛、衰老、死亡等，相信只需佇立於花園一角的一株小花所散發出來的一半精力，就足以讓我們的命運全然不同。

歐洲槭*Acer pseudoplatanus*　　*Constantin Freiherr（1826-1897）*

毆洲槭的種子是螺旋槳狀的翅果，漿汁是製作楓糖漿的原料，木材也有多種用途。

種子

大部分的植物都有對移動的需求、對空間的渴望，這在花朵與果實身上表現得尤其明顯。這一切在果實身上就可以輕鬆獲得解釋，或者至少可以說是揭露了較不複雜的經驗或是先見之明。

相對於那些發生在動物王國及因為恐怖的、完全無法移動的法則——種子的首要敵人其實是族長們的根鬚。我們身處在一個奇特的世界裡，在那裡，失去行動能力的家長們其實心知肚明，自己註定要餓死或是悶斃子孫後代。所有撒在樹下植物腳邊的種子若非夭折，就是必須在悲慘的環境中萌芽。但是若要動搖枷鎖、取得更多的空間，則必須付出巨大的努力，因此出現了撒佈、推動及飛行等等技術，讓我們在森林原野中也能見到它們的芳蹤。

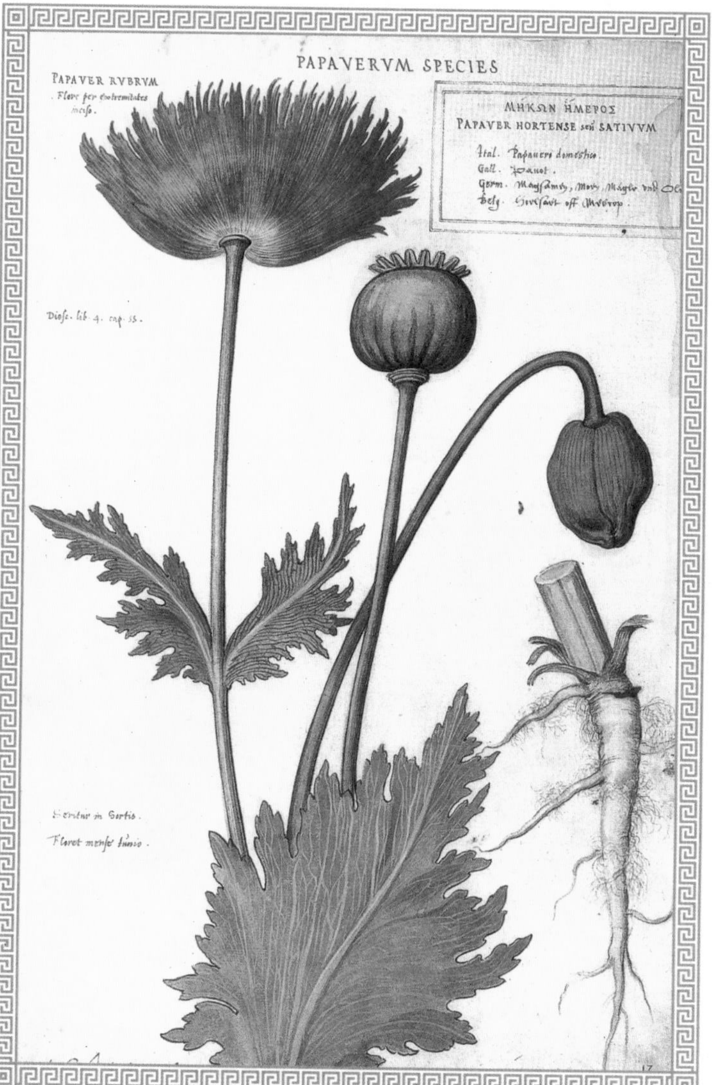

罌粟 *Papaver sommiferum* *Theodorus Clutius（1546-1598）*

罌粟未成熟的果實汁液可製成鴉片，是嗎啡及海洛因的主要成分，但種子並不含鴉片。在古希臘神話中，當豐收女神狄米特知道自己的女兒波瑟芬妮被冥王劫走時，就是用罌粟的麻醉性汁液來減輕悲傷。另外，因為罌粟有很多種子，所以有賦予生命的含意，因此也使人聯想到豐收女神。

請容許我們僅專注於幾個特別的例子：楓樹的空中螺旋槳或翅果，銀杏的苞片，菊科植物、蒲公英及波羅門參等的滑翔裝置，大戟科植物的爆炸性彈力，令人驚歎的苦瓜噴射壺，棉菅的鉤狀針刺，以及其他數以萬計、出人意表且震撼人心的機械裝備。我們可以這麼說——每一顆種子為了逃脫母親的陰影，都必須自尋方法。

事實上，要是一個人沒有唸過一點植物學，他將很難相信這些美侖美奐的植物會如此費盡心思、充滿才能。譬如賞心悅目的紅海綠的種子苞、鳳仙花的五個活瓣、天竺葵的彈力蒴果等等。還有別忘了在任何草藥商店都可找到的罌粟逗號頭，在它巨大的頭顱裡埋藏了值得讚歎的謹慎與灼見。我們知道裡頭藏著數以千計的細小黑種子，這個頭顱的設計乃是為了順利播種，盡量將種子撒到遠處。假若裝滿種子的囊苞裂損，往下掉落或是從下方裂開，珍貴的黑色粉末會無謂地堆在樹幹下。然而，這些種子只能從囊苞頂端的開口出來，囊苞一旦成熟，便沉甸匐地懸在花柄上，順著風，以播種人的姿態在空中揮撒耔粒。

我也該說明一下利用鳥類散播的種子，這些種子以欲擒故縱之姿，藏在香甜的果肉下吸引鳥類，像是槲寄生、刺柏、花楸等等。關於這方面，已衍生了目地性的推論與默契，這讓我們不再堅持己見，唯恐重蹈伯拿登．聖．皮耶埃[*1]的覆轍。然而事實無法不這樣解釋：糖衣對種子沒啥用處，一如可以吸引蜜蜂的花蜜對花朵缺乏用處。因爲果實香甜，鳥兒才吃果實，同時吞下無法消化的種子。稍後，遠走高飛的鳥兒排出牠所吃下的種子，耔粒因而遠離出生地的威脅，褪去外殼的它已隨時伺機萌芽。

---

*1 伯拿登．聖．皮耶埃（*Bernardin Saint-Pierre*, 1737-1814）爲法國作家。

果實

讓我們再回到植物所使用的較簡單的手段。請拾起一束路邊的雜草，您將不經意撞見一個獨立不懈又不可預料的小智慧。我們就以兩種楚楚可憐的攀藤植物爲例，在您散步時應已遇見過它們上千回，我們可在任何地方找到它們的足跡，即使在不毛之地的角落，只需一撮腐殖土就已足夠讓其繁殖。它們是野生苜蓿（*Medicago*）的兩個品種，含蓄地說，也就是兩種雜草。其中一種綻開粉紅色的花朵，另一種則開著一撮如豆子般大小的黃花。它們藏匿在長滿了傲慢的禾本科植物的草地裡，當我們經過時完全沒料到，遠在著名的幾何物理學家西哈庫茲（*Syracuse*）發現令人驚歎的阿基米德螺旋輸送器原理之前，它們早已將之運用到飛行，而非揚水裝置。

它們將種子放在輕巧的螺絲上，而螺絲上有三、四圈的螺紋，這個令人嘆爲觀

紫花苜蓿 *Medicago sativa* *Otto Wilhelm Thomé*（*1885-1905*）

紫花苜蓿是苜蓿的一種。苜蓿因為根部能深入地底，所以能吸取更多養分跟礦物質，可以治療膽固醇過高、高血壓、關節炎等疾病，近年來成為風行的健康食品。

止的構造具有緩和下墜速度的功能，在風力的協助下，得以延長在空中的旅程。其中黃色的攀藤植物更將紅色攀藤植物的構造精益求精，在螺絲邊緣鑄上兩行釘子，好順道鉤住散步行人的衣服或動物的毛皮。明顯地，它是希望能把棉菅憑藉綿羊、山羊、兔子等來散播種子的優勢，與借風播種的長處串連起來。

在這些偉大的努力下，最令人感傷的，莫過於一切都將付諸流水。可憐的紅苜蓿與黃苜蓿都搞錯了，它們令人讚歎的螺絲其實不能爲它們帶來什麼好處，因爲只有當它們自某種高度墜落時，譬如從一棵大樹樹頂或從高大的禾本植物尖端掉落時，這些螺絲才能起作用。不過，事實上，它們總是生長在貼近草地的高度，所以在螺絲尚未完成四分之一的旅程時，就已觸及地面。在此，我們發現了一個距離上的失誤範例，這是大自然在摸索、試驗中的小小失算。因此，那些研究大自然的人之中，只有很少數的人會堅持大自然是從不失誤的。

順便要注意的是，（我們暫時不討論幸運草這種跟我們目前所關注的植物極爲相似的蝶形豆科植物）苜蓿的其他品種並不具備這類的飛行裝置，而是仍堅持古老的莢果方法。譬如在紅花苜蓿（*Medicago aurantiaca*）身上，我們清楚地看到變形莢果與螺旋槳之間的過渡體，而另一蝸牛苜蓿（*Medicago scutellata*）則使螺旋槳變得像圓球等等，我們有如觀賞一齣和創新品種有關的表演，參加一個尙不知往何處去、如何尋找光明的未來家族的試驗。或許在這個追尋的旅程中，黃苜蓿對螺絲大感失望，所以增加釘子或羊毛鉤，自有原因地思忖道：既然它的葉子能吸引母羊，母羊理應關心黃苜蓿的血脈延續。黃苜蓿不正由於這些努力與創見，才能比更爲強壯的紅苜蓿分佈得更廣大？

根

這些深思熟慮又生動活潑的聰明例子，並非只限於種子，還可延伸到整株植物上，包括其莖部、葉部及根部等等。只要我們願意觀察它卑微的工作一會兒，即可以發現其中的道理。我還記那些受挫的枝幹竭盡全力地迎向陽光，或是瀕臨危險的樹木總是作出勇敢機靈的抵抗。

我永遠也忘不了那株屹立在普羅旺斯境內，荒蠻漂亮、充滿紫羅蘭花香峽谷中的百年桂冠神木，所帶給我有如英雄史詩般的啓示。我們非常容易就可以從它曲折痙攣的枝幹解讀出其倔強艱苦的一生。一隻鳥或者是一陣風——命運的支配者——把種子傳播到像鐵幕般筆直陡峭的岩壁上，誕生了這棵桂冠樹。它陷身在熾熱貧脊的岩石堆裡，距離底下的洪流只有兩百公尺的距離，顯得孤獨又不可及。剛開始時，它派出盲目的根鬚展開漫長又艱辛的旅程，找尋不穩定的水源與腐殖

香豌豆 *Lathyrus tubrosus* *Theodorus Clutius（1546-1598）*

柔美的花朵和枝條上捲捲的小鬚，很受古時英國仕女的喜愛，她們常將香豌豆編成花冠戴在頭上。早期歐洲人認為這種香味有催情的作用，所以很喜歡用香豌豆佈置臥房。

土——它了解法國南部乾旱的桂冠樹都有這種世代相傳的憂患。然而年輕力盛的莖幹必須解決更嚴重、更出乎意料的問題：它由垂直面出發，以致其正面雖探向天際，卻往深淵傾斜。因此不顧枝幹重量的增加，它必須調節原始衝力，使勁地讓岩石邊緣慌張失措的樹幹彎成肘形，就好像游泳健將使勁把頭往後仰一樣，靠著意志力、張力，以及不斷地收縮，讓沉重的桂冠花圈持續地探向蔚藍的天空。

自此以後，在這個維繫生命所需的板根四周，聚集了桂冠樹全部的關注、精力，以及有意識的與自由的天性。畸形肥大的肘彎洩露了連續不斷的憂慮，憂患風暴與驟雨會讓它所處的情勢更加堪憂。經年累月過去了，樹穹越來越沉重，一心一意只想在光與熱中繁華盛開，然而，莫名的潰瘍病卻在底下偷偷地蠶食枝幹。不知順應著什麼本能，兩條堅固的根，活像兩條長了毛髮的纜繩，在彎肘上方兩尺處的樹幹冒出來，把樹幹繫在花崗岩壁上。莫非這兩條根是被窮困的情勢所感召？或者，有先見之明的它們，從一開始就嚴陣以待，等待山窮水盡時拔刀相助？這僅僅是一個快樂的巧合？人類永遠都看不透這齣默劇，而其歷程遠遠超過我們曇花般短暫的生命*1。

*1 讓我們將這個例子與布蘭蒂斯（*Brandis*）在《*Uber Leben und Polaritat*》一書中對另一個根部的聰明才智所作的研究做一比較。此根部在往下紮根時，遇到了一塊靴底，而它顯然是第一株遇到這種阻礙的植物。爲了穿越這個障礙，根部分裂成數部分，而數目正好是針腳所留下的小洞數，一旦穿越阻礙，這些分化的鬚根又重新合爲一體，成爲一個完整的軸幹。

舞蹈

在所有那些能提供相關證明，以顯示最震撼人心的行徑的植物裡，我們的確可爲這些可稱爲「動感」或「敏感」的植物，做一份詳盡的研究。不過，我不想在已爲人熟悉的含羞草及其美妙有趣的膽怯行徑上多做著墨。還有一些植物，具有較不爲人知的運動本能，像是岩黃耆科的驢食草（*Hedysarums gyrans*）就常以頗爲奇異的方式搖動。這種豆科植物源自孟加拉，卻是我們溫室的常客，它總是爲了歌頌光線而跳著一種複雜的舞蹈。它的複葉包含三片小葉，其中一片是寬大的頂葉，另外兩片則較窄小，長在頂葉與莖部之間。每一片葉瓣各自擺動，姿態迥異。它們都依循充滿韻律的擺動而生，一種精密計時且無歇息狀態的韻律。它們對光線異常敏感，以致於天空一角的雲開雲散，即能加速或緩和舞蹈的韻律。它們是不折不扣的光度計；而且遠在庫客（*Crook*）發現自然感測器之前就已經存在。

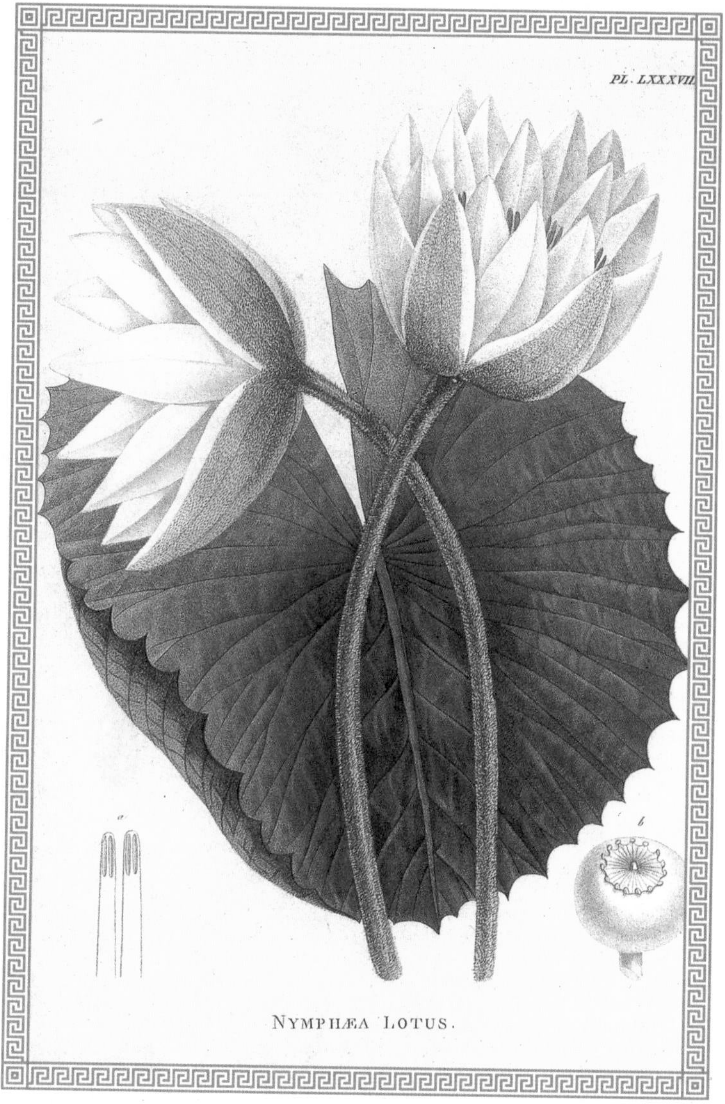

白睡蓮 *Nymphphaea alba* *Theodorus Clutius（1546-1598）*

睡蓮因為會隨著太陽下山而漸漸閉合，就像也需要睡覺一樣，因而得名睡蓮。古希臘與羅馬都將之奉為美麗女神的化身，印度的佛教更稱睡蓮為「觀音蓮」。

浮游

但是，這些——應該加上茅膏菜與捕蠅草的植物——都是屬於神經緊張的植物，它們已經有些跨越動、植物界神秘虛幻的分水嶺，我們無需討論到這麼高的層級。在另一個底層世界裡，那個植物與濕軟泥土或石頭幾乎無法區隔的世界，我們還是可以找到毫不遜色的智慧與顯著的自發性，例如美妙得超乎想像的隱花植物，只是必須要借助顯微鏡才能觀察這種植物，所以在此要略過不提。儘管香菇、蕨類、尤其是木賊（又稱爲鼠尾巴）所展現的花粉遊戲，精密靈巧的無以倫比。

話說回來，在水生植物的世界裡，不管是生長在花瓶裡還是軟泥中，都有神奇而令人注目的交配行爲。因爲花朵無法在水中播種授粉，所以它們都想出不同的方法，好讓花粉可以在乾爽的狀態中撒到空中。因此，大葉藻——我們用來做床墊的藻類之一——細心地把花朵裝在名符其實的潛水鐘裡，而蓮花則把它的花朵送到湖面上綻開，並讓花朵維持在水面上，讓它在花柄上獲取養份，一旦水勢上升，花柄即會伸長。而假睡蓮（*Villarsia nymphoides*）並沒有可伸長的花柄，只能讓花像氣泡般浮出水面，然後死去。菱角或是水栗子（*Trapa natans*）則在花朵上附加載滿氣體的囊袋，讓花朵上升然後綻開，一旦完成授粉，囊袋的氣體會被一種比水更重的粘液取代，而整個裝置就會再次沉到湖底，以孕育果實。

狸藻（*Utriculaire*）的系統更是複雜。一如柏基庸（*M.Herni Bocquillon*）在《植物的生命》（*Vie des Plantes*）*-1裡的描述：「這種植物常見於池塘、溝渠、池沼、泥炭水窪等地，冬季時無法見其芳蹤，因為它靜待在湖底的軟泥上休養。其細長的莖，顯得瘦弱無力，葉子縮成分叉的細絲，在同樣也變形的葉腋下，有一種梨形的小袋子，其上方尖端處附有一個開口，此開口有一個只能自外朝內開啓的閥門，邊緣長有許多毛，袋子內裡則佈滿另一種具有分泌作用的毛，頗像天鵝

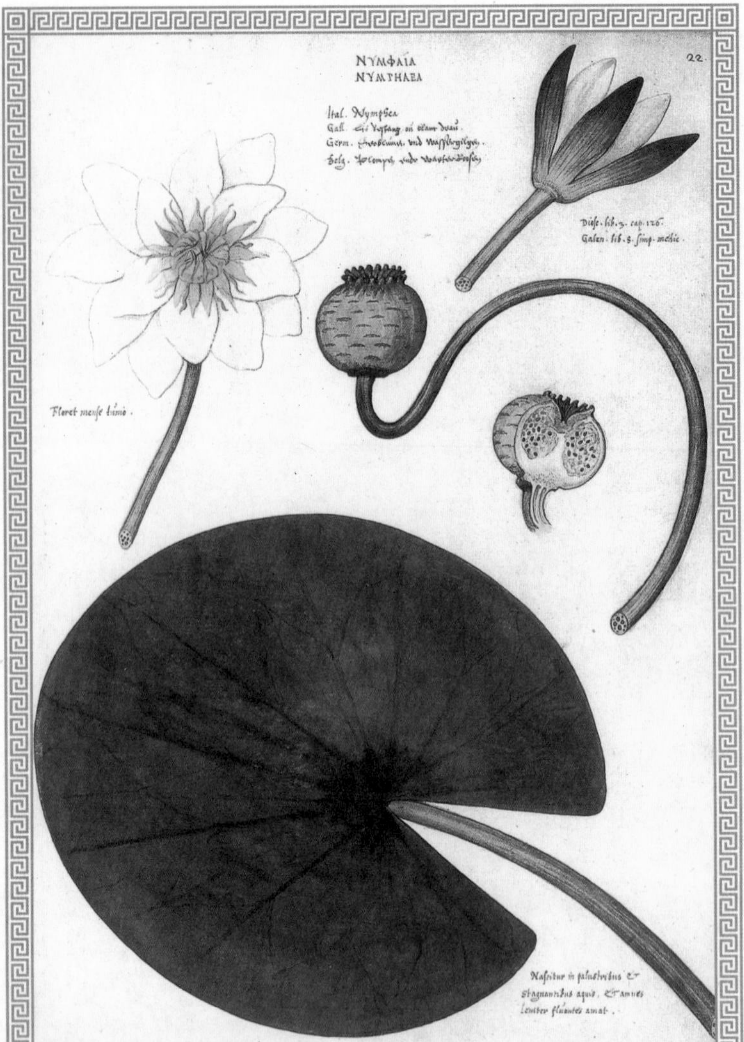

白睡蓮 *Nymphphaea lotus* *Ambroise Marie Francois Joseph*（1752-1820）

白睡蓮出淤泥而不染，很受到東方人的喜愛，但德國人卻覺得蓮花是沼澤惡魔的化身，會誘人採擷而落水，是不祥之物。

絨。當花季來臨時，這些藏在腋窩下的小羊皮袋將充滿空氣，空氣越是想逃竄，閥門越是緊閉。最後，狸藻得以用極其輕快的步履，升到水面上。一直要到這個時候，它的小黃花才會綻開，這些小黃花很像微微嘟起的小嘴巴，萼部則裝飾著橘色或鐵紅色的條紋。自六月起至八月，它們在一堆老死的植物堆裡展現清新光澤，在一片濁水裡獨顯高貴，然而，一旦授粉的任務完成，果實開始孕育，角色即有所變化：周遭的湖水壓在胞果的閥門上，使其下陷，並往水中加速下沉，增加狸藻的重量與下墜的力量。」

看到人類最嶄新豐富的發明，譬如活瓣或閥門的作用、液體與氣體的壓力、阿基米德定律等，被收錄在這個古老的裝置裡，不挺新鮮的嗎？一如柏基庸所言：「第一位工程師將漂浮器繫在沉沒於水底的大船艦時，完全沒料到相似的裝置已存在數萬年了。」

在一個我們自以爲無意識且缺乏智慧的世界裡，人類最微不足道的理念都足以創造全新的組合與關聯。但再仔細思量一番，極有可能的是——我們什麼也創造不出來。身爲最後一批抵達地球者，我們只能找到已經存在的東西，像小孩一樣睜大眼睛，走在生命於人類出現之前就已鋪好的道路。不過，這樣反倒自然，並且教人寬慰。我們稍後還會再回到這個主題上。

*1 此書於一八七六年在法國出版。

悲劇

在未提到水生植物最浪漫的品種前，我們尚不得離開這個範疇：例如水鱉科（*Hydrocharad*）的苦草（*Vallisneria*），它的婚禮可算是花朵戀情史裡最辛酸悲楚的一齣了。

苦草是一種缺乏特色的植物，它沒有睡蓮或某些枝葉茂盛的水中植物的獨特高雅，但我們相信大自然仍然賦予它美麗的意義。苦草半睡半醒地在水底深處過活，一直到達適婚年齡，它才開始憧憬嶄新生活。雌花慢慢展開花柄上的螺線，從水底升起，浮出水面，到處飄盪並綻放花朵。這些悠遊閒盪的雌花，不斷呼喚周遭的雄花，而雄花則透過閃耀著陽光的湖水瞥見雌花，便從水裡往上升，憑著萬丈雄心，探向等君來採的雌花，迎向一個奇妙的世界。然而，來到半途後，它們突然感到侷限：它們的莖——提供養份的來源——太短了，永遠也到不了能讓雄蕊與雌蕊完成結合的光明國度。

在自然界裡還有比這個更殘酷的疏失或考驗嗎？試著想像一下這個慾望悲劇、幾乎快到達了卻無法接觸、透明的厄運、看不見障礙的不可能性……。

這個悲劇原本跟地球人類的命運一樣難以解決，不過，一個出乎意料的元素闖了進來。莫非雄花已經預料到這個失望的結局？它一直將一顆氣球封鎖在花心裡，就好像我們在靈魂裡鎖著一份最後的希望。雄花遲疑了一下，然後，靠著一股神奇的力量——在所有昆蟲與植物的歡宴中，這是就我所知中最超自然的部分——雄花爲了升到幸福的國度，毫不猶豫地斬斷維持生命的聯繫，與花柄脫離。順著一股威猛的衝勁，在歡愉的氣泡裡，它們的花瓣紛紛葬身水面，儘管創傷斑斑且奄奄一息，它們卻顯得格外容光煥發、自由自在，飄游在天眞無憂的新婚嬌妻身旁。結合因此告終，獻身者將在飄流裡結束生命，而已成人母的嬌妻則珍藏夫婿的最後一口氣息，關閉花冠，捲起螺線，重新墜入水底深處，孕育英雄史詩般的交配之果。

這幅極爲精確的描寫乃是由光明面觀賞而得，我們是否也該從陰暗面去觀賞？有何不可？有時候，由陰暗面得來的事實跟由光明面得來的事實一樣有趣，只有在我們尊重這些花朵的智慧與其對生存的憧憬時，這齣美妙的悲劇才顯得完美。但是，假使我們只觀察某個個體，就會發覺它們經常笨拙地騷動不安，跟上述的理想狀況背道而馳。有時候，雄花在鄰近的雌花尚未含有雌蕊時，即迫不及待的升上水面。有時候，雄花靠著下降水位的幫助，得與女伴會合，卻依然機械化地斬斷花柄。由此我們可以再次得知，天性智慧存在於萬生萬物與大自然裡，但幾乎每個個體都是愚蠢的。只有在人類世界中，才有個體智慧與群體智慧之間的競爭，而且有越來越白熱化的趨勢，越來越積極傾向平衡的狀態，而我們未來的秘密就在其中。

自我防衛

寄生類植物也能爲我們呈現許多獨特慧黠的景象，像是令人驚歎的大菟絲子（*Cuscuta*），俗稱癬草或和尚鬍子。它沒有葉子，當莖部長到數公分長時，即自願遺棄根部，纏繞住事先選定的受害者，並把吸盤插入受害者身上，自此以後，它只靠吸食這個獵物而活。它有不可能失誤的眞知灼見，拒絕所有不喜歡的依靠，而寧願走長一點的路，找到符合自己體質與口味的植物，諸如大麻、啤酒花、苜蓿或是亞麻等。

這個大菟絲子自然會讓我們聯想到攀藤植物。攀藤植物的習慣特立突出，値得我們爲它說幾句話。再說，我們這些多少具有鄉村生活經驗的人，已有多次機會欣賞它們透視的本能，這種能力能將清秀佳人（*Virginian creeper*）的藤蔓或是牽牛花（*Convolvulus*）的捲鬚引向耙柄或是靠在牆上的鏟子。若我們移動耙子，到了第二天，捲鬚也將移動方向，找到耙子。叔本華在其論文集《論自然界的意志》（*Ueber den Willen in der Nayur*）*[1]中，專闢一章探討植物生理學，其中涵蓋了許多觀察與實驗，也說明了這一點，我們在此不再複述。請讀者參閱此書，並從中找到相關資源與參考資料。但是我必須補充一點：這麼多年來，這些資料不斷增加，這個題材仍然取之不盡、用之不竭。

在如此眾多的發明、詭計及迥異的防衛措施之中，讓我們舉豬菊巴（*Hyoseris radiata*）爲例。豬菊巴是一種類似蒲公英，會綻開黃色花朵的嬌小植物，我們經常可在麗維拉*[2]的老牆上找到它亮麗又謹愼的倩影。爲了確保播種與香火相傳的穩定性，此植物同時含有兩種種子：一種容易脫離母體，備有羽翼，能隨時投到和風的懷抱裡；另一種缺乏羽翼，幽禁在花朵裡，只有等待花兒凋謝腐敗才得以自由。

而多刺的蒼耳（*Xanthium spinosum*）則向我們揭示它如何巧妙地構思播種系統，以確實達到目的地。蒼耳是一種令人嫌惡的雜草，莖皮上聳立著野蠻的棘刺。不久前，西歐世界仍對它感到陌生，自然地，也無人想引進它。它的成功西進歸功於附著在果實苞囊的鉤子，這些鉤子能鉤住動物的毛皮。蒼耳起源於俄羅斯，它跟著進口的羊毛包裹從莫斯科大草原來到此地，我們可以依據地圖路線，尾隨著這位大遷徙家旅行，見識它如何併吞新屬地。

義大利蠅子草（*Silene italica*）這種喜歡生長在橄欖樹下，盛開著純眞無邪小白花的植物，卻有著不同的思考方向。義大利蠅子草生性膽怯、敏感，爲了避開不知趣的昆蟲惱人的探訪，莖部有一層能產生腺液的毛鬚，透過毛鬚滲出黏液，困住昆蟲，效果之好，讓南部的農夫常把它種在房屋裡，當作捕蠅草。某些蠅子草的近親則靈巧地簡化這個系統，以對付它們最害怕的螞蟻。它們發現，只要在每一個莖節下設計一個寬大的、能產生黏液的圓環，就足以阻止螞蟻的行進。這跟

紫草 *Lithospermum fruticosum* *Heinrich Friedrich Link*（*1769-1851*）

紫草以身上長滿毛鬚的方式來保護自己，但仍是人類經常使用的植物。紫草富含紫草寧，提煉出來的色素常用來當作食物的天然染色劑，也常用來製作口紅，並有防止乾裂，促進傷口癒合的作用。

園藝家想阻止毛毛蟲入侵蘋果樹，而沿著樹幹澆上一圈瀝青，以阻礙毛毛蟲爬上蘋果樹的作法不謀而合。

這個例子把我們帶到植物防禦的研究領域。亨利・古朋先生（*Henri Coupin*）寫了一本優秀的大眾化作品《獨特的植物》（*Les Plantes Originales*），想獲得更多這類細節以及奇特武器的讀者可參考此書。在這本書裡，有一位名爲羅特列（*Lothelier*）的學生以刺棘爲題，做了不尋常的實驗。他發現陰暗與潮濕這兩個因素能導致荊刺的消失。相反地，植物越是生長在烈日高掛的乾燥之地，越是螫針處處，鋒芒畢露，好像意識到自己可能是唯一在這片荒岩烈沙裡存活的生命體，必須加倍使勁才能抵禦饑不擇食的敵人。另外更令人驚異的是，大部分栽植在花園裡的帶刺植物都會漸漸放棄它們的武器，將自身的安全委託給把它們收進花園的超自然保護者[*3]——人類。

某些植物，像紫草是以粗硬的毛鬚取代荊刺，而蕁麻則在荊刺裡注入毒素。天竺葵、薄荷及蕓香等則以濃烈的體味使動物敬而遠之。而最怪異者，莫過於那些做出機械式自我防衛的植物，就以木賊爲例好了，它套了一件由小碎石粒鑄成的盔甲。更有甚者，幾乎所有的禾本科植物都在它們的組織裡注入石灰，以阻止蛞蝓與蝸牛的蠶食。

*1 一八三六年出版。

*2 位於蔚藍海岸的城鎮名。

*3 在所有不再自我防衛的植物裡，最令人震驚的例子非生菜莫屬了。亨利・古朋寫道：「在野生狀態下，若我們折斷野生生菜的莖部或葉子，它會馬上流出一種白色乳膠，這種乳膠是由數種物質所組成，能夠保護生菜免於蛞蝓的侵食。相反地，同樣源自野生品種，但由人類栽培的生菜，卻缺乏乳膠，讓園藝人士絕望喪志的是，它不再具有抵抗蛞蝓的能力，只能任由自己遭蛞蝓蠶食。」必須附加說明的是，只有年輕的生菜才欠缺乳膠，當生菜開始結球，並產生種子時，它會產生大量的乳膠。不過，生菜卻是在最初的歲月，也就是在它長出鮮嫩的葉子時，才最需要自我防衛。我們可以說，這些被種植的生菜發了點瘋，搞不清楚自己到底處在何種田地。

婚禮

在討論交叉授粉的繁複機關之前，讓我們先在花園裡成千上萬的婚禮中，挑選幾種簡單的花朵，談談它們的創意。這些花朵從出生、相愛到死亡，夫妻都在同一花冠裡不曾分離。我們都相當熟悉這種最典型的系統：雄蕊*1（雄性器官）通常瘦弱且數目眾多，它們包圍著一枝獨秀、壯碩而富耐心的雌蕊。一如林內（*Carl Von Linne*）*2的美妙句子：「夫妻享受魚水之歡（*Mariti et uxores uno eodemque thalamo gaudent*）。」但是這些器官的排列、形狀、習性等會隨著花朵的種類而有所不同，就好像大自然一直未能堅定其理念，甚至還把「絕不重複」視為最高榮譽一樣。

通常，花粉一旦成熟，即會自然而然地由雄蕊頂端落到雌蕊上，然而在許多情況下，雌蕊與雄蕊的高度一致，或是雌蕊與雄蕊相隔遙遠，或是雌蕊的體積為雄

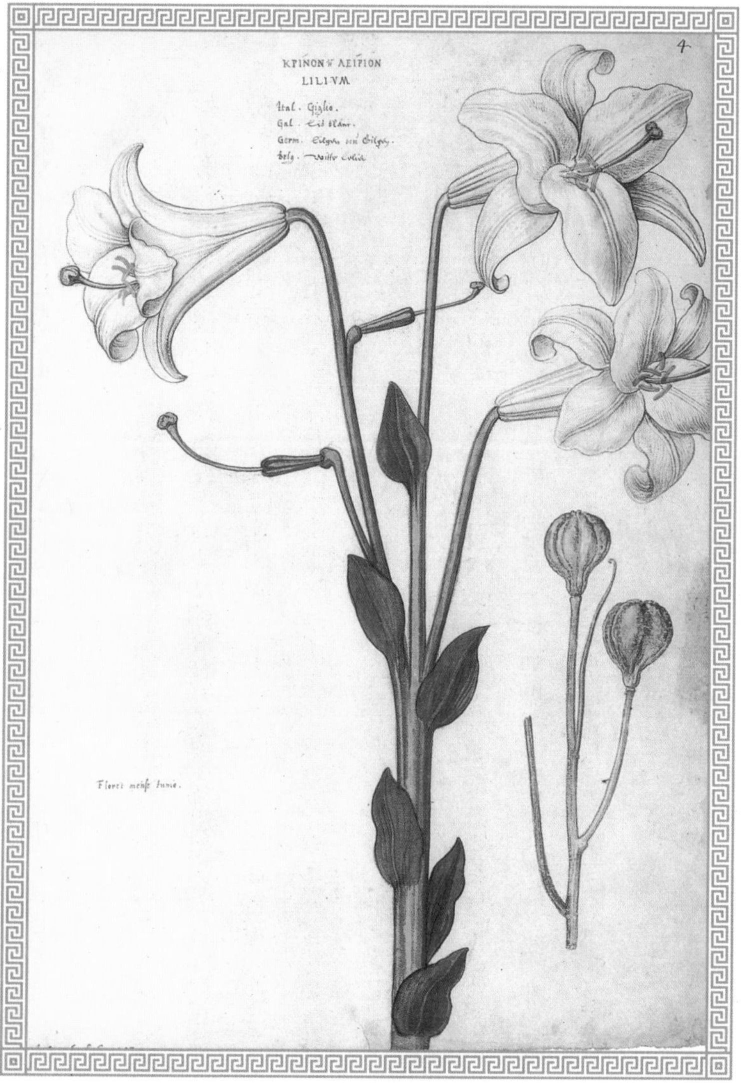

純白百合 *Lilium candidus* *Theodorus Clutius（1546-1598）*

百合傳說是由亞當和夏娃所流下的眼淚幻化而成。百合還象徵純潔和貞潔，被視為聖母之花，可驅除魔鬼和邪靈。

蕊的兩倍。在這些情形下，雌蕊與雄蕊就必須花費極大的力氣才能結合。

以蕁麻爲例，位於花冠底端的雄蕊蜷縮在莖部上方，若逢授粉時節，花冠會像彈簧般鬆開，然後盤踞在雄蕊上方的花粉袋或花藥，就會對著柱頭撒出一大片花粉。而對小檗來說，爲了能在晴朗的好日子完成婚禮，雄蕊會離開雌蕊，藉著兩條濕潤腺體的重量，靠在花壁上，當太陽出現，水氣蒸發，減輕重量的雄蕊會立刻撲向柱頭。

但在其他的花朵身上，情況未盡相同：以報春而言，雌蕊有時比雄蕊短小，有時比雄蕊修長，而像百合、鬱金香等，其細長的雌蕊竭其所能收集並定住花粉，而最具創意、最異想天開的方法，則非蕓香（*Ruta graveolens*）莫屬了。

蕓香是一種會散發難聞氣味的藥草，屬於聲名狼藉的墮胎劑。它們的雄蕊歇在黃色花冠裡，整齊地排列在矮壯的雌蕊四周，安靜溫順地等待著。在洞房花燭夜，雌蕊會對著雄蕊一一點名，而對雌蕊唯命是從的雄蕊則派出第一根蕊，靠近雌蕊並觸及柱頭，然後是第三根、第五根、第七根、第九根等等，直到所有的單數蕊都輪完爲止。接下來輪到雙數蕊：第二根、第四根、第六根等等。這無疑是命令式的愛情，這株曉得算數的花朵讓我覺得格外奇特，一開始時，我甚至不願意相信植物學家的類似看法，但在不只一次地查證其算數觀念後，我才敢進一步肯定此一說法。而且，我發現它們鮮少失誤。

若繼續舉例只怕會有濫用之嫌。到田野或樹林走一遭就可以觀察到許多新奇的實例，並得到與植物學家的報告不謀而合的結果。但是，在結束本章節之前，我一定要再講到一種花朵，我選擇它並不是因爲它擁有非比尋常的想像力，而是因爲它迷人優雅，以及它易於讓人捕捉到的愛的行爲。

這種花朵叫作大馬士革黑種草（*Nigella Damascena*），它還擁有許多迷人的俗名，例如「維納斯的頭髮」、「灌木叢的魔鬼」、「長髮飄逸的美女」等等，也由此可見民間詩詞對這種可愛的小植物多麼讚譽有加。在法國南部，它常出現於路邊或橄欖樹下，跟一般雜草沒什麼兩樣，而在北部，它則常被栽種在有點過時的庭園裡。它開著柔和的淡藍色花朵，樣子純樸，宛如太古世界的小花，「維納斯的頭髮」、「長髮飄逸的美女」之名是因其生長在一片青蔥翠綠的灌木叢裡，花冠被凌亂、纖細與輕盈的葉子所纏繞。

當花朵誕生時，五隻非常細長的雌蕊，會在湛藍的花冠中心緊緊相偎，好似五位身著綠袍，高不可攀的女皇。一群希望渺茫的情人——雄蕊則撲倒在她們四周，甚至不及女皇的膝蓋。在鑲滿藍寶石與綠松石的宮殿中，陶醉在夏日的幸福裡，卻有一齣沒有對白、沒有結局的悲劇上演著：無能爲力、毫無用處的靜謐等待。數個小時過去了，對花而言，卻像是數年的磨蹭，她的明豔動人開始黯然失

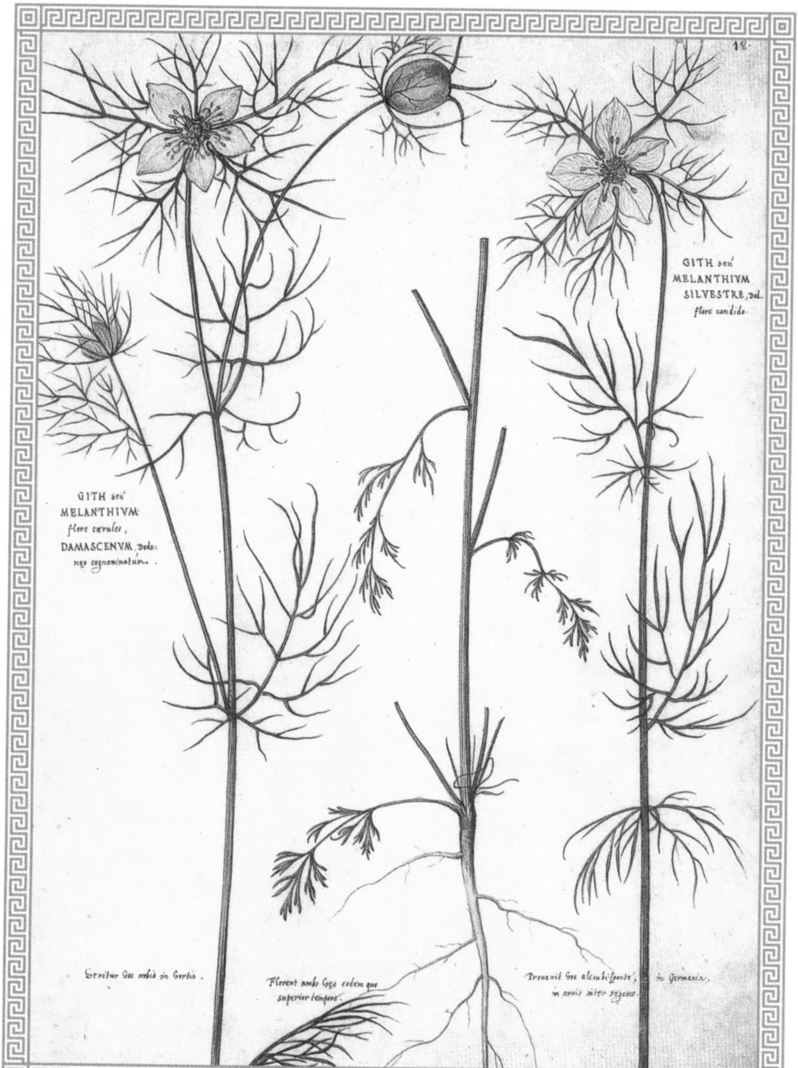

大馬士革黑種草 *Nigella damascena* *Theodorus Clutius*（*1546-1598*）

大馬士革黑種草的花形柔美明亮，常被當作觀賞植物。種子芳香，乾燥後還可入藥，印度、埃及、希臘及土耳其人常使用來幫助消化。

色，花瓣開始凋零，傲骨性子終究被沉重的生命所屈服。時候到了，雌蕊像是接受了秘密指令般，認爲已給予情人足夠的試煉，而再也無法抵擋愛情的誘惑，以一個有默契的對稱動作，就好像五隻水柱墜落在淺盆裡產生的拋物線，全體協調地仰面倒下，優雅地在卑微的情人唇上，採擷新婚之吻的金粉。

*1 這個研究有可能成爲論花朵婚禮的經典（我留給更博學多聞的人士完成此業），在研究尚在初始階段時，有必要請讀者把注意力，放在植物學界表示植物生殖器官的專有名詞上，這些專有名詞既不完善又常造成困惑。譬如在雌性生殖器官裡，雌蕊（*pistil*）包含了子房（*ovaire*），花柱（*style*）以及在雌蕊頂端的柱頭（*stigmate*），這些名詞都很男性化，而且讓人有雄赳赳的感覺（譯註：在法文裡，這些名詞皆屬陽性）。相反地，雄性生殖器官；居在花藥上方的雄蕊（*etamine*），卻擁有年輕女孩的芳名（譯註：在法文裡，雄蕊爲陰性名詞），一次看穿這些反義性總是有用的。

*2 卡爾．林內（*Carl Von Linne*, 1707-1778）爲瑞典自然學者與醫生。

花朵

一如所見，不可預見的驚喜處處可見。應該有人寫一部關於植物智慧的巨著，就像羅曼斯*1寫了一本動物智慧的偉作一樣，但是這本拙作並沒有想要成爲這類書籍的雄心壯志。我只想把大家的注意力，引至一些發生在我們身旁的有趣事物上頭，這些事物和我們存在於同一個世界，而我們總自以爲是這個世界的天之驕子。

這些事件並不是特意選擇的，而是視情況，經由觀察，從許多例子中隨意舉出來的。不過，我打算在這本簡短的筆記裡，把重心優先放在花朵上，因爲，花朵才是最偉大的奇觀。我目前先撇開肉食性花朵，諸如毛氈苔、豬籠草、瓶子草等等，因爲這些植物觸及動物界，需要特別而完備的研究，因此我僅專致於眞正的花朵上，也就是狹義的花朵——我們一般以爲沒有感覺、也不會移動的花朵。

爲了將理論與事實區分開來，我們談論花朵時，要把它們看得跟人類一樣會預測與構思想要實現的事情。我們將保留驗證而來的理論，並且淘汰未通過證明的部份。

現在，她在舞台上一枝獨秀，宛如富有理性與充滿意志力的公主，不容否定地，她的確充滿理性與意志力，而爲了使她卸下理性或意志力，我們得求助於一些難以解釋的假說。她孤立一方，靜靜地挺拔在莖上，把生殖器官掩藏在光彩奪目的簾幕之下。她任由雌蕊與雄蕊在愛的簾幕裡完成結合，很多花朵都採納此一方式，不過對於交叉授粉的花朵，這種方式則會產生嚴重的威脅或無法解決的問題。遠古以來，無數的經驗是否讓她們體認到，自行授粉——位於同一花冠裡的花藥，任其花粉掉落在所包圍著的柱頭而產生的柱頭授粉——會迅速導致品種的退化？專家卻告訴我們，她們並沒有體認到什麼，也不會利用其他經驗，現實只會淘汰她們，逐漸地，種子與植物因爲自行授粉而變得脆弱，很快地，只有平庸無奇的畸形例子殘留下來，譬如，過長的雌蕊讓花藥無法觸及，阻礙她進行自行授粉。獨獨這類反常現象歷盡滄桑地倖存下來，意外的反常結果變成了遺傳的現象，而正常的品種也就消失了。

*1 喬治・羅曼斯（1848-1894）爲繼續達爾文的研究的著名學者。

發明

等一下我們將看到這些解釋想要說明些什麼。目前，讓我們再次前往花園或草原，就近研究花朵某些無懈可擊的天才力作。終於，在離家不遠處，我們遇見了一團被蜜蜂簇擁，芳香四溢的花朵，並有一位機靈的機械師居住其中，這是無人不曉的——即使最不知鄉趣者也知道的——洋蘇草（*Sauge*）。這是一種毫無驕氣的唇形花類，它那羞怯的花朵卻使勁地打開著，饑餓不堪地試圖捉住陽光，好飽嚐一頓。我們可找到許多品種，奇怪的是，它們的繁殖系統並未同臻完美，這也是接下來我們將檢視的主題。

但是，我在此只專注於最常見的種類，也就是那些正將紫色帷幔羅佈在我家橄欖庭園的圍牆上，好慶祝春天到來的紫蘇草。我可以向您保證，就算是那些專門伺候王爺的大理石宮殿陽台上，也不曾有過更富麗堂皇的裝潢，更愉悅、更芬芳的雕飾。日正當中最炎熱的時刻，它們會讓我們以爲自己擁有了陽光的香醇……。

讓我們回到細節，她們的柱頭（雌性生殖器官）被封閉在呈斗蓬狀的上唇內，其中還有兩隻雄蕊（雄性生殖器官）。爲使雄蕊不致對同居花房內的柱頭授粉，這隻柱頭的高度是雄蕊的兩倍，以致於雄蕊喪失觸及柱頭的希望。再者，爲了避免意外發生，花朵製造了「雄蕊先熟現象」，也就是說，雄蕊早於雌蕊成熟，計謀非常周詳，當雌蕊達到孕育的能力時，雄蕊已經凋謝，因此，需要外力的輔助，將陌生的花粉帶到被遺棄的柱頭上，以完成婚事。

某些花朵，像是風媒式的花朵，亟需求助於風力，但是紫蘇草是最普遍的蟲媒花，她喜愛昆蟲，只仰賴昆蟲的協助。再說，通曉大義的她，十分明瞭自己活在一個不宜期待友善、不允依賴幫助的世界裡，因此不會白白浪費元氣去召喚或迎合蜜蜂，而蜜蜂也不外乎只爲自己和同胞求生存，與地球上所有跟死神對抗的生物無異，壓根就不管是否爲牠的衣食父母——花朵——提供了服務。不管蜜蜂願意與否，或者在蜜蜂不知情的情況下，紫蘇草藉著牠搭起雌蕊與雄蕊結合的橋樑。紫蘇草設想出來一個美妙的愛情陷阱：在紫絲蓬帳底下，她分泌出幾滴蜜糖，做爲誘餌，兩條雄蕊杜平形矗立，並擋住通往甜蜜汁液的入口，好像帶著一條荷蘭式吊橋的旋轉支柱*1，每條柱子的頂端都有一顆像燈泡的大圓球，即花藥，充滿著花粉，而下方則有兩個較小的圓球以平衡重量，當蜜蜂深入花朵，牠必須用頭推開小圓球以觸及花蜜，依著主軸旋轉的兩條柱子倏地如蹺蹺板搖擺起來，位於上端的花藥和蜜蜂的兩側接觸，蜜蜂因而佈滿帶有精子的粉塵。

一旦蜜蜂離去，由彈簧的支軸把整個機制帶回到原始狀態，整個花朵又準備好迎接新訪客。

但是，這只不過是整齣劇情的前半部罷了，接下來則需更換演出場景，在一株鄰近的花朵裡：雄蕊剛凋零不久，輪到等待花粉的雌蕊上場了，她緩慢地由兜帽裡探出頭來，拉長頸項，默默低頭，彎腰曲膝，分叉行進，堵住通向居所的入口。而一心想採花蜜的蜜蜂，則無拘無束地在懸空的分叉雌蕊底下通過，讓雌蕊得以掠過蜜蜂的背部與兩側，恰與先前雄蕊碰觸過的區域完全吻合，裂成兩片的柱頭，則貪婪地吸食銀白色的粉末，最後受孕大業因此告成。只需用一根麥草或一截火柴插入花朵裡，即可啓動這個機制，並驗證這些運作的組合與精準性之動人與妙不可言。

洋蘇草的種類繁多，約有五百種，我省略不提它們通常不很優雅的學名：*Salvia Pratensis*、*Officinalis*（蔬菜的一種）、*Horminum, Horminoides, Glutinosa, Sclarea, Roemeri, Azurea, Pitcheri, Splendens*（鮮紅欲滴且美不勝收地開在籃子裡的洋蘇草）等等。它們可能都多少修改過上面描述過的機制細節，譬如有一些功能已臻完美無缺者，會將雌蕊的長度加長一倍甚或加長兩倍，讓它不僅能從兜帽探出頭來，更能雄赳赳氣昂昂地在花朵的玄關前低頭彎腰，在可能的緊要關頭，這些花朵還可避免和位在同一兜帽的花藥進行柱頭繁殖的危險，但相反地，假使「雄蕊先熟現象」不夠充分，當蜜蜂採完花蜜離開花朵時，會在柱頭上放置同在一個屋簷下的花粉。有些花朵則在如蹺蹺板搖擺起來的動作中，散佈更多的花藥，花藥因而可以更精準地襲向昆蟲的兩側。有一些花朵卻無法美化調節全部的機制，譬如，我在水井邊靠近紫蘇不遠處的歐洲夾竹桃下，發現了另一種紫蘇草，它綻放著白色花朵，帶著淡白的丁香色，它們完全沒有搖擺的計畫與跡象，雄蕊與花藥雜亂地充斥在花冠中央，所有的一切似乎都任由偶然雜亂的安排。

我從不懷疑，從眼前白洋蘇草的原始無章，一直到地中海洋蘇草（*sauge officinale*）[*2]的完美表現，我們可以爲唇形花的眾多品種，重新建構一部歷史，對每個階段的創新做進一步了解。這意味了什麼？在香草的世界裡，這個系統仍在研究中？就像驢食草（*Sainfoin*）家族的阿基米德螺旋輸送器，仍處在開發與試驗的階段？這個優秀的自動搖擺系統還未獲得整體紫蘇草普遍的肯定？是否一切都不是一成不變，亦不能預先設定的這個事實，讓它們仍在這個我們以為註定要墨守成規的世界裡繼續討論、實驗[*3]？

[*1] 這裡指的是如中古歐洲城門的建築，當城門放下時，亦可做爲跨越護城河的橋樑。

[*2] 可做爲香料。

[*3] 作者當時正開始研究跨種繁殖洋蘇草的一系列實驗，也就是避開風和昆蟲介入的人工繁殖方法，他將一種花朵機制非常進化的品種與一種花朵機制恰恰相反的花粉相結合。他說明自己的觀察雖未達滿意的數量，不過卻發現某種法則已經開始隱隱作用：發育遲緩的洋蘇草樂意地接受較進化的洋蘇草花的完善機制，而後者卻甚少接納前者的缺點，自然界有一個奇特現象，顯現在手法、習性、喜好、向善的品味等等。但是，這是個必須漫長等待的實驗，因爲得花時間結合不同的品種，收集必要的證據與反證等等，所以欲下結論尚言之過早。

天才

無論如何，大部分紫蘇草類的花朵皆可爲交叉繁殖的大問題提供優雅的解決之道。在人類的世界裡，一個新穎的發明會立刻被一群孜孜不倦的研究人員取用，加以簡化並予以改善，同樣地，在一個我們稱之爲機械化的花朵世界裡，紫蘇草所申請的發明專利產生變化了，許多細節竟都出乎意外地變得更好。

譬如一種頗爲通俗的玄參科（*Scrophularinea*）植物，您一定已在樹叢和歐石南叢裡陰暗的一角見過的「樹林馬先蒿」（*Pedicularis sylvatica*），它的變化即非常令人驚奇，其花冠的形狀和紫蘇草的花冠形狀幾乎無異，柱頭和兩個花藥藏在上層的兜帽裡，唯獨柱頭濕潤的小球伸出兜帽，而花藥則嚴格地監禁其內，兩個性器官在柔軟光滑的幕簾內，顯得格外侷促，甚至得以直接相觸，但是因爲一種與紫蘇草迥異的裝置，馬先蒿不可能自行授粉。事實上，它的花藥形成兩個充滿花粉的圓球，而每個圓球都只有一個開口，兩球口對口地緊緊相對，剛好得以相互封住開口。這兩個圓球被兩個齒狀物用力固定在兜帽裡，在像是彈簧般捲起的莖部上面。當蜜蜂或大熊蜂進入花朵採蜜時，必須分開齒狀物，一旦擺脫束縛，兩個圓球就浮現出來向外射出，倒向昆蟲的背脊。

但是，這株花朵的天才與卓見還不僅止於此，一如慕勒（*H.Muller*）——對馬先蒿巧妙的機制做出完整研究的第一人——的觀察：「如果雄蕊在拍打昆蟲的同時，仍維持適當的相對位置，就不會有花粉射出來，因爲它們的開口仍然相互咬合，然而，在這個艱辛過程的尾聲裡，終於介入一個單純又巧妙的手法，花冠下唇不再呈現水平對稱，而是呈不規則且傾斜的狀態，以致一邊較另一邊高出數毫釐，停留在花冠上的大熊蜂勢必亦處於傾斜的姿勢，結果，牠的頭將輪流地碰觸花冠凸出的部分，因而導致雄蕊的出擊行動，它們一個接一個拍打昆蟲，使得開口敞開，濺得昆蟲一身都是花粉。」

「當大熊蜂來到下一株花朵採蜜時，將不可避免地讓花朵受孕，因爲，牠把頭向花冠入口推進時，首先遇見的就是柱頭，柱頭會輕輕撫掠大熊蜂，觸及之處恰好就是稍後牠將被其他雄蕊擊中之處，也就是在剛剛離開的花朵裡被雄蕊碰觸的地方。」

機械

我們還可以廣添許多這類例子，每株花朵皆有自己的想法，自己的系統，以及自己後天的經驗。它們的小發明與花樣繁多的詭計，讓我們聯想起引人入勝的機械車床展覽，其中顯示出人類機械才華的泉源，但是，我們的機械本領僅可溯至昨日，而花朵的機械機制已運作了好幾千年。

當花朵出現在地球時，周遭尚未存有可以模仿的典型，她只能從自身取材。從我們還在狼牙棒、弓、狼牙鏈錘的時代，到較近想出紡車、滑輪、滑車、打樁機的近代，以及創造出彈射器、時鐘、紡織機等傑作，說起來恍如昨日一般的時代，紫蘇草早已製造出精密的旋轉支柱，馬先蒿則設計出科學實驗用的封口容器、陸續拉開的彈簧，以及不同斜面的組合。一百年前，誰會知道螺旋槳的特性？而楓樹和銀杏自一出生起就在使用。要到何時我們才能製造出像蒲公英一樣嚴謹、輕盈、靈敏的降落傘或飛行裝置？什麼時候我們才可以在如花瓣般脆弱的布料上剪裁？又到了什麼時候，我們才可以找到像西班牙染料木把金色花粉彈射到空中般強韌的彈簧？還有我在本文開端即提及的苦瓜（*Momordica*），又名淑女的手槍，它就向我們透露了神奇力量的秘密。這是一種毫不起眼的葫蘆科（*Cucurbitacea*）植物，常見於地中海沿岸，果肉豐厚，貌似小黃瓜，富含維生素與無法解釋的能量。當果實成熟時，只要輕輕碰觸，它即因爲痙攣導致的收縮作用，由花柄上瞬間掉落，並經由脫落時產生的裂口，拋射出含有許多種子的黏液，衝勁之大，足以將種子帶到距離本株四到五公尺之遠處，整個動作是如此的不可思議，就好像——依比例來說——我們藉由一個痙攣的動作把自己掏空，將五臟內腑與鮮血噴射到離身體半公里之外。

另外，許多種子都善於利用我們並不熟稔的彈道技術與能源，就像油菜與染料木的劈啪爆裂，但眞正植物界的炮火老大非千金子莫屬。千金子是適合此地氣候的大戟科（*Euphorbiacea*）植物，是頗具裝飾性的大型「雜草」，體型很大，現在我的桌上，就有一枝浸在水裡的千金子，上頭有一些暗綠色三葉形的漿果，裡面含有許多種子。這些漿果不時地轟然爆裂，將種子以飛快速度噴向四面八方，撞擊傢俱與牆壁。若其中一粒打到您的臉龐，您會以為自己讓蟲子螫著了，可見這個嬌小如大頭針頭般的種子威力。

您可以檢查漿果，尋找啓動看看裡面是不是有彈力，但它像我們的神經一樣難以辨視，您將無法解開這股神力的秘密。西班牙染料木（*Spartium junceum*）不僅有豆莢，還有彈力花朵，也許您已注意到這個令人讚歎的植物了，它是染料木家族裡最具代表性的一員：一副窮苦、樸實、強壯的模樣，熱愛生命，從不排拒任何貧瘠的土地和艱苦的磨練。它們常蜿蜒在清幽的小徑，也見於南法的山區，花團錦簇有時可高達三公尺。在五、六月之交，它會滿佈金黃花朵，香氣則與常見的鄰居——忍冬（*chevrefeuille*）——相互融和且相得益彰。在石灰質及豔陽的照射下[1]，呈現難以形容的甜美，只有天上凝露、淨土甘霖、或是在龍穴碧泉底下眺望繁星點點的那股沁涼清澈足堪比擬……。

一如所有蝶形花科的禾本植物，染料木的花朵神似我們種植在花園裡的豌豆花朵，而它的下部花瓣緊緊連接在距上[2]，把雌、雄蕊緊緊地封閉起來。只要它未臻成熟，前來叩門的蜜蜂便不得其門而入，不過一旦這群被監禁的未婚夫們達到適婚時節，在駐足其上的昆蟲壓迫下，距會開始下沉，致使金色之屋生香活色地爆裂開來，力道十足地往訪客與附近的花朵射出一團光彩奪目的粉末，同時，被當成屏障的大花瓣會戒慎恐懼地撲倒在柱頭上，更萬無一失地完成受孕大業。

*1南法多屬石灰質地形，且經常豔陽高照。

*2原文有雙桅戰船的沖角之意，「距」（英文爲*spur*，法文爲 *eperon*）在植物學表示花萼或花冠基部延伸而成的圓錐狀或盲管狀部分。

蘭花

對於想要深入研究蘭花的人士，我建議參考施普倫格爾（*Christian Konrad Sprengel*）[*1]的作品。早在一七九三年，施普倫格爾在其非比尋常的著作《自然界的秘密》（*Das entdeckte Geheimniss der Natur im au und in der erfruchtung der Blumen*）裡，就分析過蘭花各個器官的功能，成爲此研究領域的第一人。另外，也可以參閱達爾文（*Charles Darwin*）、慕勒利．普斯塔特（*H.Muller de Lippstadt*）、席爾德布蘭特（*Hildebrandt*）、義大利的戴爾皮諾（*Delpino*）、胡克（*Hooker*）、羅勃．布朗（*Robert Brown*）等人的作品。

蘭花是植物智慧最完美和諧的例子。在這些過度講究的怪異花朵中，植物的才華登峰造極，以異樣的熱情衝破自然界領域的隔牆。因此，可別讓蘭花之名誤導，以爲她們都是稀罕珍奇的花朵，以爲她們都是出自金銀匠，甚至園藝家之手的溫室女王。我們的本土野生植物涵蓋身份低微的「雜草」中，就有超過二十五種蘭花，包括最聰慧繁複的種類。達爾文對蘭花做了深入研究，而完成了《從蘭花的昆蟲授粉論起》（*On the various Contrivances by which Orchids are fertilized by Insects*），這同時也是關於花朵靈魂如何英勇奮鬥的神奇故事。我們無法以三言兩語道盡這部豐富奇幻的傳記，不過，既然我們關注花朵的智慧，就有必要具體說明花朵如何利用計謀與習性，促使蜜蜂或蝴蝶滿足花朵的慾望，並且依照預計的規則與時間完成。

*1 施普倫格爾(*Christian-Konrad Sprengel*, 1750-1816) 德國植物學家。

昆蟲

要想在缺乏圖解的情況下，讓人對蘭花極端複雜的機制有所了解並非易事。我會試著提供足夠的概念，利用許多類似的比較法，並盡量避免專業術語，諸如黏著體、唇瓣*1、小嘴體、花粉塊等等，因爲不熟悉植物學的人並不能從這些名詞產生明確的影象。

我們以此地分佈最廣的蘭花——雄蘭（*orchis mascula*）——爲例，或是從有龐大的體積，也較容易觀察的闊葉蘭來看，此蘭俗稱爲「聖靈降臨節」*2，是一種生命力旺盛的植物，高達三十至六十公分，常見於潮濕的樹林和草原上，帶著一個包含著許多暗玫瑰色小花的聚傘圓錐花序，盛開於五月和六月。

一般蘭花的花朵有中國神龍張牙裂嘴之貌，下唇長而下垂，形如鋸齒狀或碎裂狀的圍裙，可做爲昆蟲的落腳處或臨時祭壇，上唇則形成圓弧狀的兜帽，保護主要的器官。而在花朵的內側、花柄旁垂著距或尖圓錐體，裡面藏有花蜜。在大多數的花朵裡，柱頭（雌性生殖器官）就像一小團黏膠物體，耐心地佇立於弱不禁風的莖部末端，等待花粉的駕到，但我們不再能夠於蘭花裡辨認出這種經典模式了。

在其臉龐深處，原本有個像小舌頭的東西懸垂在喉嚨上，現在則反被緊緊連接的兩隻柱頭取代，而在柱頭的上方，挺立著第三隻奇特變形的柱頭，在它的頂端長出一種小手絹，或更確切地說，是一種小半淺口盆，我們稱之爲小喙。這個小半淺口盆裝滿黏液，裡面浸泡著兩顆迷你球體，球上冒出兩隻短軸，頂端載著細心包好的花粉粒。

讓我們來瞧瞧，當昆蟲進入花朵時，會發生什麼事。昆蟲停留在大開以迎接昆蟲的下唇上，被花蜜的香味深深吸引。昆蟲試圖達到位於最深處裝著花蜜的圓錐體，然而，整條路徑卻刻意地做得很狹窄，向前邁進的昆蟲頭部勢必會撞到小半淺口盆，而對撞擊力極爲敏感的小半淺口盆立即依循適當的線條裂開，露出兩顆塗滿黏液的迷你球，立即與訪客的頭顱接觸後，便緊緊地黏住不放。當昆蟲離去時，也順勢帶走這兩顆球，那兩條短軸以及數包花粉。這下子昆蟲換了新髮型，頭上聳立著猶如香檳酒瓶的角。

渾然不知身負艱難任務的蜜蜂繼續拜訪鄰近的花朵，如果頭上的角包仍然堅硬如故的話，牠頭上的花粉包即可直接敲擊雙腳所浸的半淺口盆花粉包。然而這樣兩相混合的花粉產生不了作用，蘭花的聰明老練與先見之明在這時派上用場：她仔細測量昆蟲吸食花蜜及轉往下一株花朵所需要的時間，而得出答案：平均需要三十秒鐘，我們由上可知，花粉包是由兩隻短軸支撐著，而軸又嵌在黏性小球裡。不過，在軸部與黏性小球的嵌入點上長有圓形膜瓣，它的功用是，三十秒鐘一到就收縮折起軸部，讓它以九十度角合起。接下來要計算的不是時間，而是空間。愛的信差頭上的兩只花粉角，就此變成水行，伸向前方。當昆蟲進入鄰家花房時，花粉角將恰恰撲向緊緊相連的雙柱頭，而小半淺口盆則聳立在柱頭上。

故事還沒結束，蘭花尚未發揮完它先知先覺的天才。被花粉角當頭棒喝的柱頭也裹著一層黏膠狀的物質，如果此物質跟包在小淺口盆裡的黏狀物質一樣黏固的話，軸部勢必斷裂，花粉團將被黏住，並完整無缺地留下來，婚禮因此大功告成。但是這個假設不該成立：不能只在一個豔遇裡散盡全部的花粉，而是應該分散在多多益善的豔遇裡。這株能計時、測曉度量的花朵，同時也是個化學專家，她能分泌兩種不同的黏汁：一種黏度極高，與空氣接觸後，瞬間硬化，能讓花粉角順利黏到昆蟲的頭上。另一種較稀薄，適用於柱頭上，它濃淡合宜的黏度恰足以鬆開或打亂包裹著花粉粒的伸縮細繩，雖然黏住幾顆花粉，卻未摧毀整塊花粉團，當昆蟲造訪其他花朵時，交配的工程便會無止無盡地繼續下去。

懸垂齒舌蘭 *Odontoglossum pendulum*　*James Bateman（1809-1897）*

懸垂齒舌蘭被墨西哥人視為最美麗的花朵，原產於中、南美洲的熱帶與亞熱帶山地，花色素雅、花形奇特，味道清香。

你以爲我已經說完了所有的神奇事蹟？不，還有許多細節尚未提及，譬如小淺口盆的動作，當膜片斷裂讓黏性的小丸子現身時，小淺口盆立刻抬起下緣，讓未被昆蟲帶走的花粉團繼續留在黏液裡，保持最佳狀態。另外，我們也應該注意昆蟲頭上的花粉軸形成的奇妙角度，以及所有植物採用的化學保護措施，因此根據邦尼*3最新的實驗，每株花朵爲了保護自己的品種，都能分泌一種消滅異種花粉，或使之喪失生育能力的毒素。以上所述大約皆符合我們肉眼所見，但是，眞正的偉大奇蹟卻在我們目光所及之處開始。

*1 蘭花的下部花瓣。

*2 原意爲聖靈降臨節，對基督教而言，聖靈降臨節是復活節的第七個星期天，而對猶太教徒而言，爲復活節次日算起的七週後。

*3 邦尼是（*Gaston Bonnier*，1853-1922）法國植物學家。

授粉

我剛剛才在橄欖園的荒蕪角落裡，發現了一株散發著公羊騷味的公羊蘭（*Loroglossum hircinum*）*1。她是蘭花的一種，但我不知道爲什麼達爾文從未研究過它，也許是因爲在英國很難見其芳蹤吧！這絕對是我們原生種的蘭花裡，最引人注目、最幻妙離奇，也最震撼人心的一種。如果她擁有與美國蘭同樣的尺寸，我們將肯定世上不會有比她更神奇的植物了。想像一下她那如同風信子的聚傘圓錐花序，但稍微高大些，而兩邊對稱地長著要撲咬過去似的三隻角花朵，墨綠白的花色點綴著淡淡的紫色斑點。下側的花瓣從一出生即帶著棕色的肉突、梅洛文式的鬍子*2、像似帶有不祥色彩的淡紫色淋巴結炎，無止盡地、瘋狂地、怪裡怪氣地蔓延，形狀有如捲成一圈又一圈的緞帶，顏色則像泡在河裡長達一個月的屍體。整株花散發著被毒死的公羊惡臭，味道之濃烈，相隔極遠也能聞到，魔鬼般的公羊蘭蹤跡不言自明，就像那些教人不得不聯想到的，邪魔籠罩之鬼魅地帶所流傳的種種惡疾。

我提起這株令人噁心的蘭花，是因爲她常見於法國境內，我們很容易認出她，而且多虧她的尺寸與清楚可見的器官，相當適合我們要做的實驗。

事實上，只要小心地把火柴棒的一端推到花房底部，即能以肉眼觀賞授粉過程的高潮起伏：被輕掠過的小淺口盆（小喙）彎下，露出了黏黏的小圓盤（公羊蘭只有一個），上面撐著兩隻花粉軸，一旦這個小圓盤緊緊黏住火柴棒的一端，那兩個關著花粉球的花室*3就會呈縱向分裂，當我們取出火柴棒時，它的末端會堅固地黏著兩個堅硬分叉的角，角頂上則有金色的圓球。不幸地，這裡沒有闊葉蘭那種美妙表演，精準地呈現雙角如何逐漸傾斜。爲什麼它們不彎低一點呢？只需把沾了花粉的火柴棒推進另一朵花的花房裡，即可發現軸並不需要移動，因爲公羊蘭的花朵要比雄蘭或闊葉蘭大許多，而且這兩個角與花房的方位被安排地恰如其分：背負花粉團的昆蟲深入花房時，頭上的花粉團剛好到達柱頭的高度，可以完成受精。

讓我們再補充一點，爲了使交配大功告成，必須找到成熟的花朵，我們並不知道她何時成熟，不過，昆蟲與花朵卻一清二處，因爲，花朵只有在機械裝置安排妥當時，才會邀請不可或缺的佳賓，並賜予一滴蜜汁。

*1 是一種陸生蘭花，適於乾燥之地，可見於歐洲各地，俗稱公羊蘭。

*2 梅洛文皇室曾於西元四八一年至七五一年間出現三任法蘭克國王，梅洛文式的鬍子指的是一種濃密得往兩邊嘴角下垂的鬍子。

*3 在蘭花裡，花室意指包含花粉的花藥袋。

改良

這就是此地原生種蘭花的繁殖方式。但是，不同的品種和不同的科別會依據特定的經驗、心理或習性而變更、改良某些細節。

以紅門蘭（*Anacamptis pyramidalis*）爲例，她是最聰慧的花朵之一，下唇（*labellum*）加了兩只「肉冠」，以把昆蟲的鼻管導向花蜜，並促使鼻管完成花朵所期待的任務。達爾文將這個神奇的配件（肉冠），恰當地比喻成我們用來把線引進針孔的穿線器。

這種花還有另外一個有趣的改良：支撐帶著花粉的軸、浸泡在半淺口盆的兩個小圓球，被一個具黏性的鞍狀圓盤所取代。如果我們把一根針或是豬鬃，循著昆蟲鼻管的路線插入花裡，將清楚地發現到這種簡便裝置的優點。一旦豬鬃掠過半淺口盆，半淺口盆將會對半裂開，馬鞍形的圓盤立即現身，並與豬鬃結合。若收回豬鬃，您就可以看見馬鞍形圓盤的美妙動作：位於豬鬃或針上的馬鞍圓盤會收起展開的雙翅下側，以緊緊抱住撐著它的物體。這個動作不僅是要鞏固馬鞍圓盤的黏著性，也要比闊葉蘭更精準地確保花粉軸分開的角度。一旦馬鞍圓盤觸及豬鬃，位於馬鞍圓盤上的花粉軸就會嵌在豬鬃上，受到收縮力的牽引而分岔，花粉軸於是展開了第二個動作，向豬鬃的末端傾斜，傾斜的方式恰與我們之前研究過的蘭花一致。這兩個連續的動作歷時三十至三十四秒鐘。

紅門蘭 *Orchis strateumatica* *Nicolas Robert*（*1614-1685*）

印度人將紅門蘭當作食品，可當作甜點食用，亦可製成飲料。

想像力

這些不也正是人類許多發明過程的縮影？其中充滿著瑣碎的細節與不斷的重複。在我們近代的機械工業裡，我們看到了許多細微難見，但不斷改良的發明，譬如點火裝置、汽化作用、離合器及變速器等等。花朵似乎真的找到創新發明的方式，就跟我們找到創新發明的方式一樣，她們在一樣的黑暗中摸索，遇到相同的瓶頸，在同樣的陌生阻礙中面對同樣的惡意，體驗相似的法則、相同的失望和一樣得來不易的成就感。她們似乎也和我們一樣擁有無比的耐心、堅忍毅力和自尊心，甚至也有我們各式各樣的聰明手段。她們所懷抱的希望與理想幾乎跟我們的不相上下，而且和我們一樣抵抗冷漠無情的力量，而這些力量終究會助她們一臂之力。她們充滿創造性的想像力同樣戒愼恐懼地匍匐在狹窄、崎嶇而艱困的小徑上，偶爾出現意外的大躍進，因爲一個不經意的發現而有了決定性的面貌。

也就因爲如此，蘭花族群中出現了一個偉大的發明家族；一個出身於美國，奇特而多彩多姿的家族——飄唇蘭（*Catasetidees*）。它們勇氣十足地顛覆了既有的習慣，或許是覺得那些習慣太過於原始的關係。首先，這個家族有絕對分明的性別，不同的性別會產生不同的花朵。其次，花粉或花粉團不再把軸浸泡在充滿黏液的淺口盆裡，缺乏生氣地等待（或是說被動地出擊）一個剛好能把花粉對準昆蟲頭部的時機。她們的花粉團強勁地捲縮在一間小室*1裡，沒有絲毫特點可以把昆蟲吸引過來，也就是說，飄唇蘭並不像一般的蘭花一樣依賴訪客的每個動作，將命運託付偶然。昆蟲進入的不是精於算計的花朵，而是生氣盎然、十分敏感的花朵。

當昆蟲停歇在那富麗堂皇、光滑柔軟的赤褐色廣場上時，必會觸及花房裡有神經的細長觸角，這些觸角立即向整棟花房發出警報，小室立即破裂。被軟禁在小室內的整塊花粉團會在彎曲的軸*2上分爲兩包，突然變得輕鬆的軸像彈簧般伸展，拖著兩塊花粉團和帶黏性的圓盤朝外射出。似乎經過特別的彈道計算，圓盤必定會到昆蟲身上，並黏住昆蟲。而遭當頭棒喝的昆蟲，昏頭轉向之餘只想儘早離開兇惡的花冠，躲到附近的花朵裡，正中這種美國蘭的下懷。

*1 花藥袋。

*2 小支軸，在花絮裡，是花柄的一分支，撐托一朵花會是一支穗。

喜普鞋蘭屬植物 *Cypripedium* *Ernest Haeckel*（*1852-1911*）

喜普鞋蘭又稱杓蘭，希臘語是女神維納斯的拖鞋的意思，因此又稱仙履蘭，英文俗名為 *Lady's slipper orchid*。

單純化

我還想介紹另一種帶有異國風情的蘭花品種：喜普鞋蘭（*Cypripediee*），以及其同樣簡單實際的授粉系統。請回想一下人類迂迴曲折的發明歷程，喜普鞋蘭就是一個有趣的反證。在一個工作室裡，有一天，助手告訴上司說：「如果我們把所有過程都反過來做會怎樣？如果我們顚倒動作順序，改變液體的混合方式會怎樣？」一試之下，莫名的狀況產生了出乎意料的結果。

我們深信喜普鞋蘭彼此的確有過類似的對話，我們都認識喜普鞋蘭，它的別名是「維納斯的拖鞋」，有著長而尖的翹下巴，一付兇惡狠毒的模樣，是溫室裡最有特色的花朵之一，我們視之爲蘭花的典型。喜普鞋蘭乾脆的卸除了所有複雜細緻的裝置，如具彈力的花粉團、分開的軸、黏狀的圓盤、巧妙的黏膠等等。它如木鞋般的下巴與不具生殖能力、呈盾形的花藥一起堵住入口，迫使昆蟲的鼻管在兩團花粉上經過，但是，重點不在這裡，眞正出人意料而離奇的是和我們先前看到的例子相反，有黏性的不是柱頭這個雌性生殖器官，而是花粉本身。花粉粒不是呈粉狀，而是覆蓋著一層黏性物質，濃稠得可以拉出絲線。這個新安排到底有什麼優缺點？被昆蟲帶走的花粉除了柱頭以外，恐怕會黏到其他東西。相對的，柱頭也不需要分泌讓其他花粉不孕的液體。總而言之，這個問題還有待研究，畢竟世上仍存在著許多我們無法馬上了解用處的發明。

蜜腺

在結束討論蘭花這個奇特的族群之前，我們必須提及一個啓動整個機械裝置的附帶器官——蜜腺。天賦異秉的蘭花不斷進行需要高度智慧的研究實驗，以改善基本器官的結構，蜜腺正是她的研究實驗對象之一。

一如之前所見，基本上蜜腺是一種長形的距——展開在花朵底下，在花柄旁邊，或多或少能與花冠相互平衡的狹長尖錐體。它含有一種帶甜味的汁液——花蜜，是蝴蝶、鞘翅目及其他昆蟲的食物來源，而蜜蜂則能將之轉換成蜂蜜。

因此，蜜腺肩負著吸引訪客的重任，它能適應昆蟲的大小、習性及品味，總是處於合宜的狀態，好讓昆蟲依照花朵生物定律，謹慎地依序完成全部儀式之後，才能插入與取出鼻管。

在熟悉蘭花善於想像的性格之後，在這裡我們更不難想像，她們充滿創意、實際、觀察力敏銳，甚至吹毛求疵的精神如何自由地運作。譬如蘭花品種之一的蜈蚣蘭（*Sarcanthus teretifolius*），因爲無法製造快乾的黏液讓花粉團順利黏到昆蟲的頭上，只好求助他法，盡力扣留訪客，讓牠的鼻管在通往花蜜的狹長走道裡盡可能久留。她所開闢的迷宮複雜到連達爾文的專屬繪圖師鮑爾（*Bauer*）都伏首稱臣，放棄描畫。

不過，她們也依照簡化就是改善的優良原則，大膽地取消了藏有花蜜的圓錐體，而是以一種肥碩的贅瘤取而代之，看起來有點奇特、不過卻甜美多汁，易吸引昆蟲前來咬食。必須補充說明的是，這些贅瘤總是處於能讓大快朵頤的賓客順勢啓動整個花粉機制的最佳狀態。

細工

我們就不要再沉溺在這些數不清的巧計裡，而以大花頭盔蘭（*Coryanthes macrantha*）的誘惑來為這篇故事畫下句點。

事實上，我們已經不能確定是在跟何種生命體打交道了，因為這種令人震驚的蘭花居然想出了以下這一切：她的下唇瓣（*labellum*）狀如大碟，裡面盛有幾滴頗純淨的水，這些水乃分泌自上面的兩個圓錐體，並不斷地滴到碟子裡，一直到半滿狀態後，水會從旁邊的「下水道」流出，儼然是個令人讚歎的水利工程，但是這也正是她可怕的地方，我幾乎可以稱之為魔鬼的計謀。這些從兩個圓錐體分泌出來，然後匯聚在光滑的淺口盆內的液體並非花蜜，目的不在吸引昆蟲，而是懷著陰險狡猾的計謀，以完成更精密的任務。天真無邪的昆蟲受到上述肥碩的贅瘤所散發的芳香蠱惑，紛紛掉入陷阱。這些贅瘤長在碟子上方的房間裡，兩旁各有一個開口可以進入，我們的訪客大蜜蜂——龐大的花朵只能吸引體積較龐大的膜翅目飛蟲，因爲其他嬌小的族群對於進入如此巨大堂皇的客廳可能會有點羞愧——開始享用美味的肉瘤，如果牠是單獨行動，嚐罷佳餚，牠可能可以不觸碰溢滿水的碟子、柱頭或是花粉，而全身而退，如此一來，什麼事也不會發生。但是聰明的蘭花對周遭的生物瞭若指掌，她知道這些貪婪又忙碌的蜜蜂總是會形成一個數量龐大的部隊，陽光普照時就成千上萬地出沒，只需空氣中有一點香味流動，一觸及含苞初開的花朵，即大舉湧進新婚洞房，享受盛宴。

現在有兩、三隻採蜜者停留在香甜的花房裡，房間擁擠，牆壁濕滑，而訪客莽莽撞撞，在一番爭先恐後、你擠我推後，總有一隻會掉到碟子裡，其實陰險的碟子早已等君入甕多時，佳餚不過是個幌子。一隻蜜蜂終於意外掉到澡缸裡，把半透明的羽翼全部弄濕了，不管如何努力，都無法振翅高飛。狡猾的花朵窺伺多時只爲此刻：蜜蜂爲了從碟子裡脫逃，只能透過唯一的出口——那個能把滿溢的水排出的下水道。這下水道的寬度恰好足夠蜜蜂通過，並使其背部首先觸及柱頭黏性的表層，然後是守候多時、佔據整片拱頂的花粉團黏腺。牠終於逃脫而出，背著黏狀的粉末，進入附近的花房裡，重複剛才發生的事情：大快朵頤、你擠我推、墜落、泡澡、逃亡等等，讓身上的花粉接觸貪婪的柱頭。

這就是一株了解昆蟲的熱情，又知道如何利用之的花朵。也許有人會以為這些解釋未免浪漫了點，但我們可不這麼認為。這是精確而科學的觀察事實，我們也不可能以其他方式來描述花朵各器官的用途與裝置。我們必須接受顯而易見的事實。更令人訝異的是，這個如此令人不敢置信又非常有效的詭計，根本不在滿足吃這個直接而迫切，能讓最遲鈍的腦筋也變得痲利的需求。它只有一個長遠的理想：繁殖播種。

但是，為什麼想出如此繁複，而且似乎只會加大風險的手段？我們先不急著評斷與回答。我們對植物的理性思考是全然無知的。我們並不知道它們在追求邏輯或單純時是否遇到了阻礙？我們眞的懂得任何一條支配它生存及成長的生物定律嗎？在火星、金星上頭俯看我們拚命想征服太空的某人，或許會有相似的想法：為什麼他們要製造這些奇形怪狀的機器，例如這些氣球、飛機、降落傘？學學鳥兒造雙翅膀裝在手臂上不就好了？

適應

在幼稚的虛榮心作祟下，人類照例對這些智慧的證據提出異議：沒錯，它們的確創造了奇蹟，但這些奇蹟將永遠不變，每一品種都有所屬的體系，代代相傳，不會產生明顯的進化。自從我們開始觀察它們至今已有五十多年，我們並沒看到大花頭盔蘭或飄唇蘭改善它們所設的陷阱，這是我們可以確定的一點，不過這並不能證明什麼。我們僅僅試過初步的實驗，哪能知道這些令人震驚的泡澡蘭的後代，百年後在不同環境，被奇怪的昆蟲團團圍繞時，會做出什麼反應。再說，我們也會被自己命名的科目或品種所矇騙。人類創造出各種想像的花型，而且自以爲那是固定不變的，事實上，那不過是一種花朵依據緩慢變化的狀況，逐漸地改變著器官，而顯出的不同形式。

花朵比昆蟲更早來到世上，因此，當昆蟲出現時，花朵必須調整自己的機械裝置，以適應這個意外的合作者的習性。我們應該撇開我們所有的無知，因爲單單這個事實——在地質學上無可爭議——就足以證明一切的演化。我們可將演化這個有點模糊的詞語歸結爲調適、改變、智慧的增長。

另外，我們不需憑藉史前的歷史事件，就能搜集大量的事實，以證明調適能力與智慧的增長等特質並非是人類獨有的。我曾在《蜜蜂的一生》一書裡專闢一個章節去討論這個問題，我們在這裡不再重覆細節，只提出兩三個切題的例子，譬如：蜜蜂發明了蜂窩。在野生的原始狀態下，牠們都會在戶外活動，後來因爲偏北地方的氣候嚴寒、善變，牠們才會想到在石穴或樹洞裡尋找避風港，這個高見使成千上萬的蜜蜂聚集，改變了以前蜷在陽光下一動也不動的習性。牠們一起釀蜜，共同撫育幼蟲，好維持必須的溫暖。因此，特別是在法國南部，在異常溫暖的夏季裡，蜜蜂恢復祖先的亞熱帶習性*1的情況並不罕見。

另一個不爭的事實是，我們的黑蜂被引進到澳洲與加州後，即完全改變習性。到了第二年或第三年，當牠們發現終年都是夏天，花朵四季綻放時，即開始著過一天是一天的生活，心滿意足地只依當日需求採集蜂蜜及花粉。對現實的觀察與推論戰勝了遺傳的經驗，牠們不再儲存食物。在類似的概念下，柏克內（*Buchner*）[*2] 指出一項特徵，證明了調適環境的能力並不需要歷時百年緩慢進行，也非無意識與必然，而是立即又慧黠的。譬如在巴爾巴德島[*3] 的一個煉糖場，蜜蜂因爲整年都可以找到數量豐富的糖，便不再拜訪花朵。

最後，我們舉出兩位博學的英國昆蟲學家柯比（*Kirby*）和史賓賽（*Spence*）在討論蜜蜂時的有趣反證。這兩人說：「給我們一個獨特的例子，顯示出牠們迫於情勢，想到以黏土或漿狀混合物來替代蜂蠟或蜂膠，我們就同意牠們具有推理的能力。」

當這些昆蟲學家提出這麼蠻橫的要求時，另一位自然學者安德烈．奈特（*Andre Knight*）做了以下的觀察。他在一棵樹的樹皮上塗了蠟和松脂做成的泥狀物，觀察到蜜蜂完全不再採收蜂膠，而轉而使用這種在住家附近即能找到的大量現成素材。此外，在養蜂業裡，在缺少花粉的情況下，只要爲蜜蜂準備幾撮麵粉，牠們很快就會了解到麵粉也能達到花藥粉末的效果，儘管這兩者的味道、氣息及顏色完全不同。

這些與蜜蜂相關的事實，若稍做應有的變更，也可在花朵的世界中得到證實。譬如說，只要針對繁多紫蘇草種種令人驚異的演化努力來做實驗，進行有系統研究就可以了，但這點卻非門外漢的我所能及。在許多不難收集的例子裡，有一個巴比內（*Bobinet*）針對穀類植物做了一個罕見研究，讓我們獲知某些穀類植物被種植在與原本的氣候南轅北轍的地方後，會觀察新的環境狀況，並善加利用，與上述蜜蜂的所作所爲相似。因此，我國的小麥在亞洲、非洲及美洲最炎熱的地帶，不會因爲冬季的來臨而死亡，它們不再是一年生植物，而還原成最初像草皮一般的多年生的植物。它變成四季常綠，以根繁殖，不再產生穗與種子。這是因爲它當初從熱帶國度來到我們冰天雪地的省份落腳時，所有習慣都被打亂，而發明了新的繁殖方式，一如巴比內精闢的解釋：「植物的組織因爲不可思議的奇蹟而體會到種子的必要性，以度過艱困的季節而不致滅絕。」

*1 當我剛寫下這些看法時，布維耶先生（*E.L.Bouvier*）也在科學學院（一九〇六年五月七日的報告），針對巴黎的兩個露天蜂窩做了一場演講。一個蜂巢築在槐樹上，另一個築在七葉樹上，後者尤其引人注目，因爲它懸掛於一枝樹幹的分岔處，需要非常聰明的適應能力才能克服如此艱難的環境條件。容我引用巴維爾先生（*Parville*）的看法（發表在科學雜誌《議論》，一九〇六年五月三十一日）：「這些蜜蜂建造出堅固的支柱，運用具有保護效果的素材，終於使七葉樹的開岔樹枝變成堅固的天花板。再靈巧的人也做不到這一點。」「牠們建造了柵欄以防範雨水的入侵，還有用來遮住陽光的簾子。欣賞著這兩個目前安置於博物館的蜂巢，我們只能感歎蜜蜂工業已臻至完美境界。」

*2 *Edward Buchner*（1860-1917）是德國數學及物理學家。

*3 安地列斯群島最東邊的小島，種植甘蔗是當地最重要的農業活動。

一般知性

無論如何，我們已經爲了要推翻上述的反對意見而兜了一大圈，其實只要提出一件智慧的進化行爲就夠了，哪怕是僅只一次超越人類的行爲！但是，除了因爲駁倒陳腐的意見而獲得的喜悅之外，追根究柢來說，這個關於花朵、昆蟲、鳥類的聰明才智的問題並沒什麼重要性。以蘭花或蜜蜂而言，就讓人們以爲善於計算、組合、修飾、發明、推理的是大自然，而非植物或飛蟲本身吧！對我們來說，這樣的區分又有何意義？有一個比這些細節更重要且更值得關注的問題：所有在地球上完成的知性行爲皆來自於一般知性，這一般知性的性格、品質、習性和目的即問題所在。

基於這個觀點，除了人類之外，最能顯示聰明才智的生物是最值得我們致力的研究項目之一，尤其是螞蟻與蜜蜂。透過上述的觀察，我們發現這些習性與這些充滿機智的方法，在蘭花身上與在膜翅目身上似乎一樣複雜、一樣進步、一樣令人驚異。我們也必須強調，雖然我們可以輕易地理解所有安詳的花朵靜謐的動機與安定聰慧的推理能力，對於那些動個不停、觀察困難的昆蟲，我們還未能掌握其大部分動機和一部分邏輯。

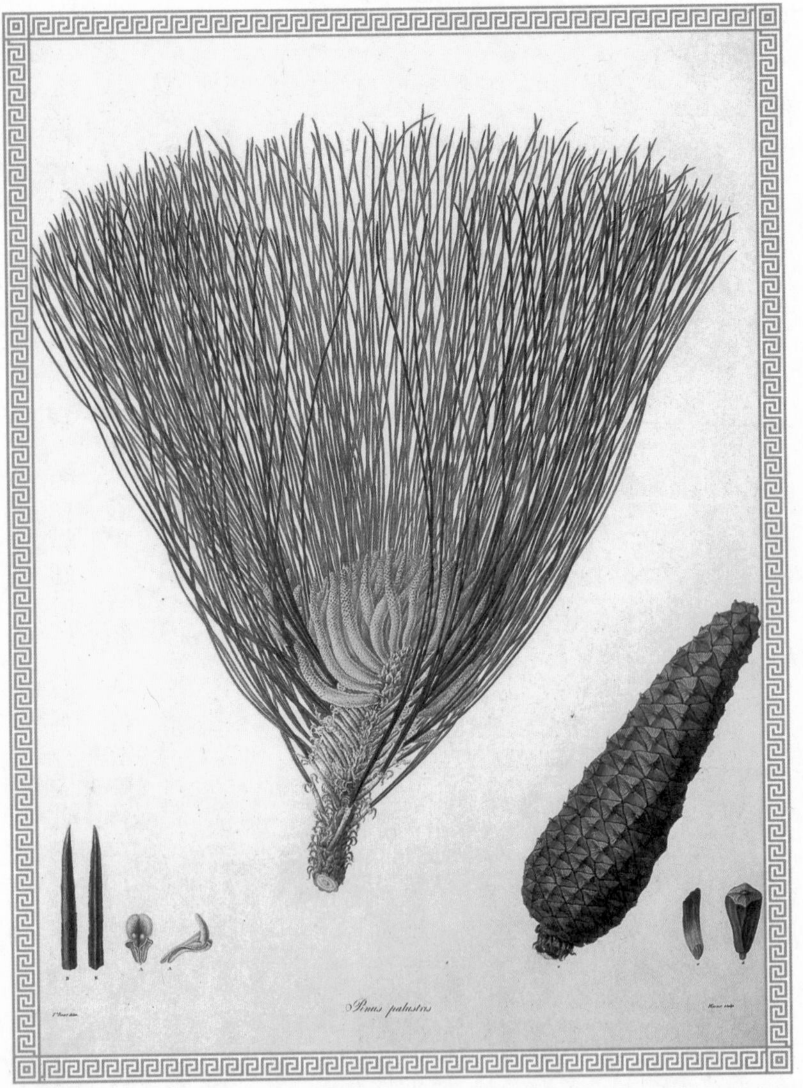

長葉松 *Pinus palustris*　　*Aylmer Bourke Lambert（1761-1842）*

長葉松材質強韌，是用途很廣的木材，不畏風雨潮濕，可保存千年而不朽，常被用來當做建材。

自然

那麼，當我們不經意地發現大自然（或一般知性或宇宙靈，這些名稱並不重要）對花朵世界的運作時，同時觀察到了什麼？很多東西；而因爲這個問題值得長期研究，容我們先簡言帶過。

我們首先會發現，花朵的美感、喜悅觀念、引誘技巧及品味都跟我們相當接近。但是，或許應該更正確地說，其實是我們符合它們的觀念。事實上，我們並不能確定是否發明了眞正屬於自己的美感。我們的建築裝飾圖案、音樂旋律與韻律，我們對色彩與光線的諧和美感等等，都直接由自然界引申而來，不想起大海、山脈、蒼穹、夜晚、黃昏，又如何能談論樹木之美？我指的樹木不只是森林。森林是大地的力量之一，我們的本能和我們對宇宙的感情主要源自於它。我指的樹木是樹木本身，單獨存在的樹木，古老的翠綠背負了一千多個季節。在我們不知道的情況下，這些感受已能形成清澈的洞穴，它很有可能是我們整個生命的幸福與平靜的奧秘所在，而在這樣的感受裡，有誰能不記得幾棵美麗樹木？當我們越過生命的中途，當我們度過美好時期，當我們幾乎已耗盡數世紀以來，人類藝術、才華、奢侈等所能提供的眼界，當我們體驗與比較過許多事物之後，我們回到非常簡單的記憶，這些記憶在淨化過後的水平線上，形成了兩、三個看起來天眞、永恆、清新的影像，要是影像眞如人們所說的，能貫穿兩個世界的疆界，我們會很想把它們帶到最終的睡眠裡[*1]。對我而言，我對天堂一無所圖，也無法想像九泉之下的生活會多麼燦爛，因爲聖保蒙[*2]的美麗櫸樹，或是在佛羅倫斯我家隔壁的小修道院裡見到的柏樹或五針松，都無法在那兒找到一席之地。那些樹木對行人展現出的是所有偉大行動的典範：必要的反抗，平和的勇氣、衝勁、肅穆，沉默的勝利，以及堅毅不屈。

*1 死亡。

*2 位於普羅旺斯省的地名，如聖保蒙(*Sainte-Baume*)的石灰巨岩。

幸福

我離題太遠了。對於花朵，我只不過想強調一件事，那就是，當大自然想變得美麗、想討人歡喜、想令人愉悅，或想表現快樂時，做出來的事情會和人類能隨意處置大自然寶物時一樣。我知道自己這個說法好像那個主教，他說：大河總是流經大城乃是天意使然。但是我們很難以人類以外的觀點來面對這些事物。那麼，以這樣的觀點，我們體認到，假若我們不認識花朵的話，我們將會對幸福的象徵與經驗感到匱乏。

爲了好好評判花朵喜悅與美麗的力量，我們必須居住在一個完全爲她統治的地區，譬如普羅旺斯的某些地方，像是在西亞涅（*Siagne*）和露（*Loup*）之間的地帶，而我正是在此地寫下這些句子的。在這裡，只有谷壑與山丘，農夫早已失去種麥的習慣，就好像他們僅能提供更精緻的人性需求，而這個需求就只有甘醇的

約瑟芬皇后 *Rosa francofurtana*　　*Pierre-Joseph Dedouté*（*1759-1840*）

約瑟芬皇后是拿破崙的第一任妻子，一生酷愛薔薇，以「約瑟芬花園」聞名於世，此花便是以她命名。

香味與神仙美食得以滿足。整個田野就像一束永遠新鮮的花朵，持續不斷的香氣似乎團團圍著整年的蔚藍起舞：銀蓮花、桂竹香、金合歡、紫羅蘭、康乃馨、水仙花、風信子、黃水仙、木犀草、茉莉、晚香玉等花朵日以繼夜地、不分春夏秋冬地盛開著，而其中又以五月的玫瑰最爲燦爛，一望無際地從山坡地一直到平野凹地，在葡萄堤與橄欖樹堤之間蔓延開來，有如一條花瓣之河淹沒各地，偶或有房舍和樹木從中浮現出來，這是一條色彩繽紛的河流，爲青春、健康與喜悅歌頌。既暖和又清新的香氣，遼闊地漫向天際，源源不斷地流瀉著至善福樂。大路、小徑蜿蜒在像天堂樂園般的花海裡，令我們覺得似乎首度見到了美滿幸福的景象。

地球靈

我們仍然從人的觀點出發，並堅持著必要的錯覺，在闡釋過第一點之後，我們要擴大觀點，指出較爲穩當、而且可能導出重要結果的一點，我們稱之爲地球靈——也可能是世界靈。

在植物的抗爭裡，它們的反應跟人類的反應如出一轍。它運用相同的方法和一樣的邏輯，以我們也會利用的方式達到目的。它同樣地摸索，同樣地遲疑不前，同樣地多次嘗試，或添加或除去，承認並修正錯誤，如果我們是它的話，也會以相同的方式進行。它盡力而爲，一點一滴地艱苦開創，一如我們工地裡的工人與工程師。它必須跟我們一樣抵抗生命中沉重且晦暗的負擔，它不比我們更清楚該走向何方，它尋找自己，漸漸發現自己。它有個經常混淆不清的想法，然而，我們還是可以從中發現，這個想法大體上是朝著更熱烈、更繁複、更焦慮、更性靈的生命邁進。

在物質層面上，它擁有無盡的資源，具有神奇力量的秘密，而我們卻一無所知。就知性層面而言，它顯然嚴守分際佔領著我們的星球，截至目前爲止，我們並未看到它超越界限。如果說，它並未踰矩去汲出什麼來，會不會是意味著在那之外什麼都不存在？會不會是意味著，人類心智採取的方法是唯一的可能性，既非例外、亦非怪物，而是一個生命體，宇宙偉大的意志與慾望穿過這個生命體，在這個生命體內強烈地彰顯出來。

洞窟

我們意識的基準勉強而緩慢的浮現出來，就算以柏拉圖的洞窟寓言來比喻也不一定足夠。我的意思是，在柏拉圖的洞窟寓言裡，所有的人或是事物全部都被牢牢關在漆黑無底的洞裡，如果我們想要用更加精確的意象來說明這樣的狀態，恐怕也是徒勞。

假設柏拉圖的洞窟變大，而且一樣沒有任何光線進得去，除了光和火之外，洞裡所有文明化的條件都安排就緒，從人們出生那一刻起，他們就被囚禁在洞窟裡。因爲從來沒有接觸過光源，所以就不曾對光輝有過任何的期待。雖然人們仍有健全的視力與雙眼，但由於四周一片漆黑，他們沒有東西可看，所以他們的眼睛最後反而可能變成最敏銳的觸覺器官。

荷蘭忍冬 *Lonicera periclymenum* *Theodorus Clutius（1546-1598）*

忍冬的籐葉，即便到寒冷的冬天也不凋零，故稱忍冬。另外因為花開時為銀白色，後來會轉成金黃色，所以有一別名叫做金銀花，忍冬屬忍冬科攀緣植物，喜愛依附在牆壁、樹木及籬笆上生長，葉呈橢圓形，花瓣內為橙黃色，外緣為橙紅色，散發香氣，花謝後結成珊瑚紅漿果。

爲了在上述洞穴人的行爲裡認出我們自己，讓我們想像一下這些深陷黑暗，被許多不明物體所包圍的不幸人們。他們經歷了多少奇怪的錯誤，產生了多麼不可思議的偏差，做了多麼出乎意料的詮釋！但是令人感動的是，他們竟能善加利用並非爲了夜晚而創造的事物！

他們又能猜中多少呢？如果他們突然籠罩在光明之中，發現那些他們已經在黑暗中適應良好的自然事物和傢俱的眞正用途，他們會多麼驚訝？

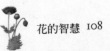

然而，在我們看來，他們所處的情況似乎簡單而容易，他們匍匐摸索的黑暗神秘是有限的，他們不過喪失一種感官，而我們身上所失去的感官卻無以估計。他們犯錯的原因只有一個，但我們犯錯的原因卻多得無以計數。

如果我們也生活在這種洞穴裡，看到我們在那兒展現出來的力量，以及在某些重點上看到一些就像我們平常行動一樣的動作時，不是很有趣嗎？在我們地底洞窟裡，我們擁有一絲微光，這讓我們相信，我們並未搞錯所有置於此處的物體用途。而且，其中有幾道光線還是昆蟲與花朵爲我們帶來的。

意志

長久以來，我們愚蠢的驕傲讓我們以爲自己是神奇的生命體；獨一無二，跟其他的生命體無關聯，八成是從另一個世界降下的意外。無論如何，我們認爲自己擁有異常、無以倫比、巨大的能力。但我們最好不要自以爲是奇蹟式的個體，因爲我們知道，奇蹟不久就會在大自然的正常演化裡消失。

若是我們察覺到自己與這個世界的靈魂走著相同的道路，跟它擁有相同的理念、相同的希望、相同的磨煉，以及幾乎相同的情感——如果正義與悲憐不專屬於我們的話——會讓我們覺得分外欣慰。我們爲了改善命運與發揮力量，而使用跟世界上其他靈魂用來照亮無意識與不服從之地相同的機會、一樣的物質定律與其他同樣的方法，確信這一點會讓我們更加平靜。這是唯一的道路，我們處在眞實裡，在自己的位置上，在自己的家裡，在這個由許多不知名的物質構成的世界裡，不過，它（這個世界）的思想並不難理解，也未與我們的想法相牴觸，而是相似甚至一致的。

如果大自然是全知的，如果它所有的行動都不曾失誤過，且都能立即展現出完美可靠的一面，如果在萬事萬物裡，它都表現出令我們望塵莫及的聰明才智，我們才有必要擔憂，甚至喪失勇氣。我們將覺得自己像是一股陌生力量的受害者或犧牲品，也不指望去了解或度量這股力量。我們寧可深信——最起碼以知性的觀點來看——這股力量非常類似我們的力量，我們的理智在跟它們一樣的蓄水池裡汲取靈感，我們來自同一個世界，雙方旗鼓相當。我們應該密切來往的再也不是遙不可及的神祇，而是覆著面紗，充滿手足之情的意志力，重點是要發現這些意志力並引導它們。

精神

我想像著，沒有任何一個生命較爲聰明或較不聰明，而且每一個生命都來自一種散亂、籠統的智慧，它就像是普通的流體，會流到何種不同的機體，須視生命本身是好是壞的知性導體而定。截至目前爲止，人類是地球上對此流體抗拒最少的生命形式，宗教稱之爲神性。我們的神經是佈滿了微妙電流的線路，而我們盤繞迂迴的腦部可以說是感應線圈，在那裡電流更強，不過，這股電流跟流經石頭、星球、花朵或是動物等的電流有相同的屬性，是出自同一個根源。

但這些都是一些深究也無濟於事的謎，因爲我們尚未具備可以收集答案的器官，所以觀察到幾個表現在我們之外的聰明才智，我們就要滿足了。我們對自己所做的觀察當然值得質疑，因爲我們既是審判官又是受審的當事人，而且一心只想在自己的世界裡裝滿美妙的幻想與期待。然而，那些細微末節的外在跡象對我們而言又是如此珍貴。跟我們發現群山、海洋、繁星的生命秘密相比，之前花朵提供給我們的，也許顯得微不足道，然而它卻讓我們更能肯定，那些賦予萬事萬物生命或由萬事萬物散發出來的精神，其實跟賦予我們身體活力的精神本質是一致的。如果它的精神跟我們相似，而我們也像它，如果在它身上找得到，也能在我們身上找到，如果它也使用我們的方式，如果它也具有我們的習性、憂慮、愛好、欲望，難道我們本能地、無法克抑的期待，而且確定它和我們一樣希望擁有更好東西是不合邏輯的嗎？是否我們的生命有可能並非聰明才智的體現，尤其當我們發現有這麼多的聰明才智分散在各種生命裡的時候？

也就是說，生命有可能不應該以追求幸福、完美、成功爲目地，也不是爲了戰勝所謂的邪惡、死亡、黑暗、虛無等等。那些可能只是生命臉部的陰影或生命本身的沉睡。

香味

I

在大量探討了這麼多有關花朵的智慧之後，我們自然得觸及花朵的靈魂——她們的香味。不幸的是，就像我們對人類的靈魂——另一種領域的香味——一無所知一樣，我們對香味亦一無所知。對這個自花冠散發開來，眼力無法觸及，優美又夢幻的氣息，我們幾乎完全不解她存在的目的，也難以相信花朵想利用香氣來吸引昆蟲。首先，包括香味最濃烈在內的許多花朵，並不允許異體授粉，以至於蜜蜂或蝴蝶的拜訪對她們來說根本無關緊要，甚至造成困擾。再說，眞正呼喚昆蟲來訪的是花粉和花蜜，而這兩者通常沒有明顯的味道，這也是爲什麼昆蟲常無視玫瑰或是康乃馨這類香氣十足的花朵，卻「一窩蜂地」包圍住毫無香味可言的楓樹花或榛樹花。

我們必須承認，我們既不知道香味對花朵到底有何好處，也不知道爲何可以感覺到她。嗅覺的確是我們所有感官中最難以解釋的官能，而視覺、聽覺、觸覺、味覺則是我們動物生活裡的必備要件。長久以來的教育只教導我們要盡情欣賞形狀、顏色和聲音。儘管如此，我們的嗅覺也竭盡所能地發揮了一些重要功能，它是我們呼吸空氣的守護神，同時也是關心我們飲食品質的保健醫生與化學家，隨時細心的偵測變質的氣味，揭露危險病菌的存在，但是，除了這些實用性的功能之外，它還有一種沒什麼用處的功能。無論就哪一方面來看，香味對我們有形的生活並不具有太大的價值，若香味濃烈得久久不散，甚至會引人反感，然而當我們品嚐水果或飲品時，我們所擁有的嗅覺能力卻使得我們感到歡愉，而興高采烈地與人分享這個經驗。這種不實用的特質值得我們關注，在它的背後，應該掩藏著一個美麗的秘密，這是大自然給我們帶來免費喜悅的獨特例子，我們獲得滿足之餘又不會迫不得已地掉入陷阱裡。嗅覺是大自然所賜予的獨一無二的豪華官能，然而我們的身體對它卻仍然全然陌生，它也不與身體機能息息相關。嗅覺到底是一種發展中還是退化中的官能？處於沉睡還是清醒狀態？種種跡象顯示它與文明的進展相輔相成，我們的祖先似乎只對濃烈並帶有穩重氣息的好味道感興趣；諸如麝香、安息香、沒藥、乳香等等，希臘的拉丁詩詞或是希伯來文學中鮮少提及花朵的芬芳。今天，我們可曾見到農夫們（即使在他們最閒暇輕鬆的時刻）夢想要吸一口紫羅蘭或是聞一下玫瑰花的香味？而相反地，住在城市的居民在欣賞一朵花朵時的第一個動作，不正是嗅聞嗎？因此我們有充分的理由相信，嗅覺的確是人類最晚誕生，卻如同許多植物學家所認同的，它是唯一尚未「瀕臨退化」的官能。正是這個原因把我們跟嗅覺相繫起來，我們開始探究它，進而培養它的種種可能性。如果嗅覺與眼睛的表現並駕其驅，就像眼睛和鼻子對狗的生存一樣重要的話，誰能想像得到嗅覺會帶給我們多大的驚喜！

嗅覺的世界尚未開發。從表面上看來，人體對此神秘莫解的感官全然陌生，但進一步思索，它可能是所有感官中與人體最親密的一種。首先，我們不就屬於大氣的生命體？空氣正是維持人類生命最不可或缺的元素，而嗅覺亦是唯一能感覺

變種包心玫瑰 *Rosa centifolia L.cv Pierre-Joseph Dedouté*（1759-1840）

包心玫瑰為普羅旺斯玫瑰的變種，香氣宜人，是玫瑰油的原料。

空氣中各種氣息的感官。香味——讓我們活下去的空氣中的珍寶——並非毫無緣由地裝飾著空氣。我們不用對此感到太驚訝，這個未獲理解的奢華，回應了更奧秘更基本的東西，同時如我們剛才所見，與其說它回應了某些已不再存在的東西，倒不如說它回答了某些尚未形成的東西。這個唯一把希望寄託在未來的感官，很有可能已經掌握了健康快樂的形式與狀態裡最特別的外在表現，而其中包含了許多令人驚訝的內容。

但是截至目前為止，它仍止於最粗暴最不婉約的感覺領域，即使靠著想像力的幫助，它還是不能察覺那些籠罩在光影氣氛所組成的四周美景，深沉而諧和的氣息。除非我們試著捕捉雨水或夕照的氣息，才能逐漸分辨雪花的香醇、冰塊的味道、晨露的芬芳、第一道晨曦以及繁星閃爍的芳香。萬物應該皆有香味：一束月光、涓涓流水、浮雲掠過、天空的一抹微笑……。

II

不知是巧合或是生命裡冥冥中的安排，把我帶到歐洲香水的誕生地與生產重鎮。眾所皆知，從坎城到尼斯這段陽光普照的土地，在無盡綿延的山河支持下，正進行著與德國化學人工香水（料）的激烈對抗，一個是來自眞實鄉村裡的林木與平原的天然香氣，一個則是來自劇院畫景的林木與平原的人工香味。

這裡的農夫依據「花曆」來執行工作，在五月與七月時，由兩大花后掌握大局：玫瑰與茉莉，前者綻放晨曦之色，後者則穿戴白色繁星。除了這兩位年度花后之外，自一月至十二月，百花輪流綻放：無以數計但瞬間即逝的紫羅蘭、吵鬧不休的黃水仙、天眞無邪的水仙花、令人眼睛一亮的碩大金合歡花、木犀草、賦有珍貴香料的康乃馨（或香石竹）、尊貴的天竺葵、純潔無瑕的柑橘花、薰衣草、西班牙染料木（*Spartium junceum*）、香氣凌人的晚香玉、還有一種花開像橘

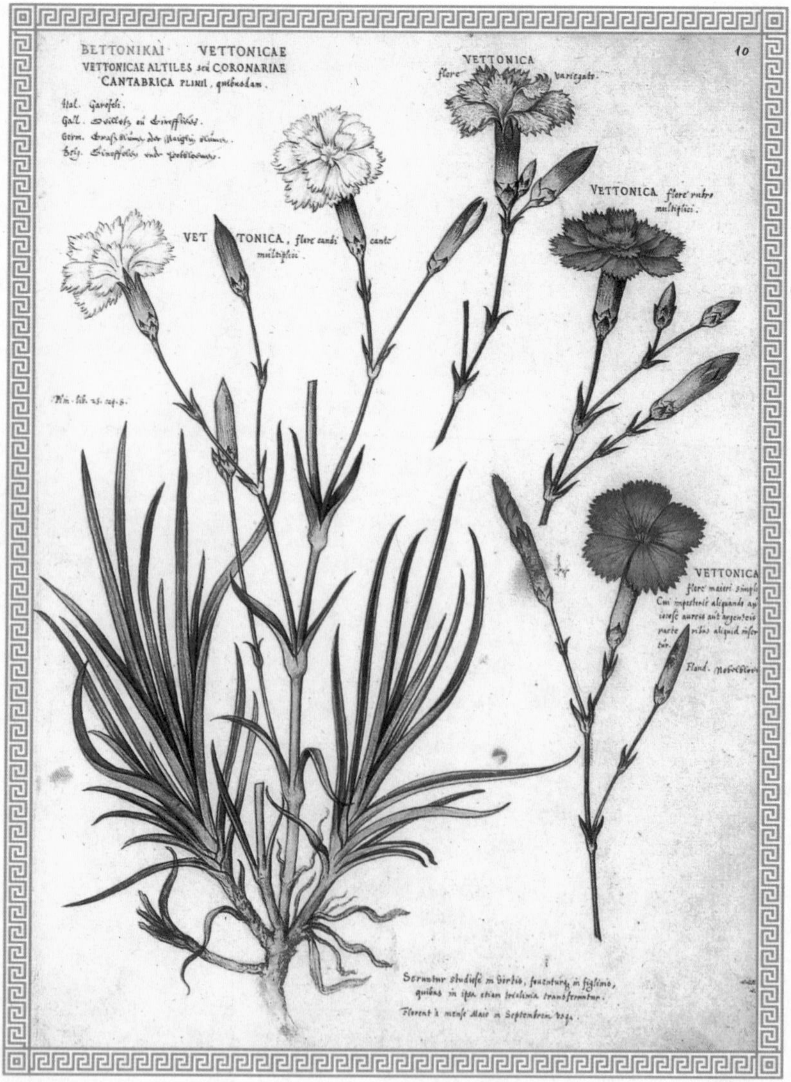

康乃馨 *Dianthus caryophyllus* *Theodorus Clutius（1546-1598）*

在基督教傳說中，康乃馨是聖母瑪莉亞在耶穌受難日時流下的眼淚所變成，因此成為母愛的象徵。

色毛毛蟲，被稱爲金合歡的花朵（*Cassie*）。

看見那些被艱苦的生活磨掉笑容的鄙夫粗漢認眞地對待花草，細心整頓脆弱的大地裝飾品，完成既像蜜蜂般勤快，亦像公主般輕快的工作，在紫羅蘭、黃水仙前彎腰屈膝，我們剛開始時還眞覺得困惑不解。但眞正令人震驚的感受卻發生在玫瑰或茉莉盛開之季的清晨或夜晚，我們還以爲大地瞬間改變了，地球被另一個恆常快樂的星球所取代，而香氣不再只是稍縱即逝、不定而暫時，而是廣大穩定、飽滿永恆、慷慨正常、不可讓與的。

Ⅲ

很多作者在論及格拉斯*1及其周遭環境時，曾不只一次的追溯這個幾乎有如童話般的工業。此工業是這個蜂窩似的懸掛在山坡上的勞力大城的主要工作內容。他們應已提過，熱氣裊裊的工廠門口有好幾部車的粉紅玫瑰，篩選女工在花海中沉浮的大廳，數量較少但更加珍貴的紫羅蘭、晚香玉、金合歡、茉莉等抵達的情況：它們全都裝在簍子裡，由農婦們高貴地抬在頭上。他們應已描寫過，我們會依據花朵的不同性格，採取不同的方式，拔下花朵心底的奇幻秘密，以安置於水晶瓶裡。我們知道，所有的花朵，以玫瑰爲例，都殷勤善意，很容易獻出香味。我們將她們堆在大型、像火車頭一般高的鍋爐，讓水蒸氣從中穿過。漸漸地，在蒸餾器下的凌虐下，它們比珍珠更珍貴的精油，一滴滴滲透到細如鵝毛管的玻璃管裡，猶如費盡艱辛才得造出一滴琥珀似的。

但是，花朵偉大的部分是它們的靈魂沒有這麼容易就被監禁。我將不提人們施行的種種恐怖酷刑，使之陷入絕境，並交出花冠裡的珍藏。爲了要更具體形容劊子手的狡猾與受害者的不屈不撓，我們只需提及黃水仙、木犀草、晚香玉以及茉莉等所承受之冷油脂萃取花香術*2這個酷刑就夠了。順帶一提，茉莉花香是唯一無法模仿的香味，也是唯一無法依靠高超技巧，混合不同香味而成的味道。

我們在一張大玻璃板上，均勻塗上厚度約兩指厚的油脂，形如一張床，然後將大量的花朵鋪在上面。是藉由什麼樣的虛僞操縱與甜言蜜語的承諾，讓油脂獲取花朵堅貞的信任？沒有人知道，但那些易於相信別人的花朵總是很快就把最後一滴珍寶都奉獻出去。每個早晨人們將她們摘下，然後再將她們像垃圾一般丟棄，接著又有一片天眞無邪的花朵灑在心懷鬼胎的油脂上。這回輪到她們墮入相同的命運，然後，又有無知之徒步入後塵，如此綿延下去。得等到三個月後，也就是吞沒了第九十代的花朵，貪婪而奸險的油脂在飽嚐各種投降與香甜的招供後，終於不再濫殺無辜。

但是紫羅蘭並不屈服於冷油脂的考驗，人們只好求助於烈火，以隔水加熱豬油烤打她。在被這種野蠻的摧殘下，這種在春天佈滿於小徑上的小花兒逐漸喪失保密的力氣。她不得不投降、獻身。而其劊子手非得吸盡花瓣四倍重的汁液後，才得飽足私欲。在紫羅蘭盛開於橄欖樹下的季節裡，都會進行這種卑鄙下流的酷刑。

但悲劇尚未結束。不論冰冷或熱煮，油脂都使盡全身無形而易放的能量，將吞進去的寶物榨取一空。接下來的問題是如何讓油脂把吞下去的東西吐出來。這並不容易，不過油脂具有會導致破滅的低俗激情，人們在裡面倒酒精，迷醉它，到最後它就不在乎寶物了。這時能佔有寶物的就只有酒精。而酒精也是一拿到手，就想要藏起來獨佔。人們於是改爲攻擊酒精，加以蒸餾、蒸發、濃縮它。在種種

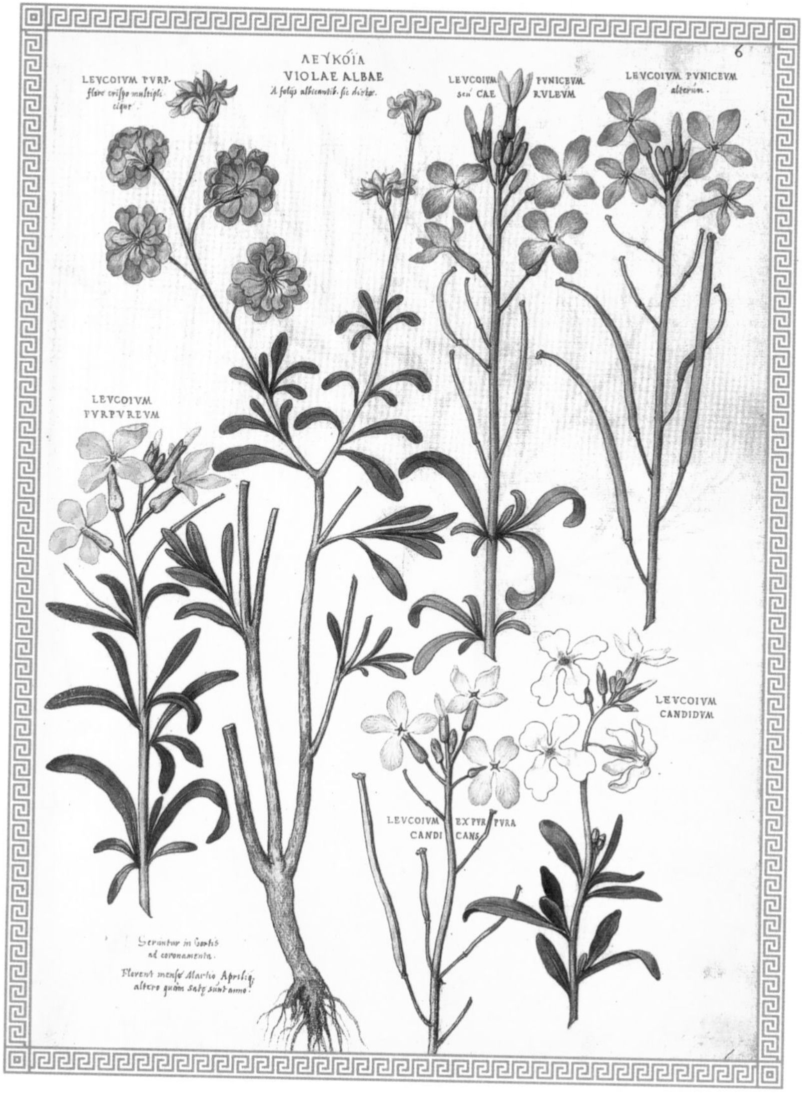

紫羅蘭 *Matthiola incana* *Theodorus Clutius（1546-1598）*

在西方的浪漫傳說中，紫羅蘭是維納斯為愛人留下的眼淚幻化而成，所以又被稱為愛情之花。而拿破崙也因將約瑟芬墓前的紫羅蘭隨身攜帶而被稱為「紫羅蘭皇帝」。

試煉下，人們終得獲得一滴液態珍珠，將之封入水晶瓶裡：一滴純粹、精華、無法枯竭、幾近不可腐敗的珍珠。

我無意列舉所有萃取的化學方法，譬如利用石油醚或二硫化碳等。格拉斯的香水大師忠於傳統，痛惡幾近不節不義的人工方式，因爲這種方式只能汲出嗆鼻的香味，而且傷害花朵的靈魂。

---

*1 格拉斯是阿爾卑斯濱海省的首府，氣候冬暖夏涼，成爲慢性胸膜肺炎等疾病的療養中心。這個風景優美的古城附近尤以花朵的種植聞名，並發展了重要的香水工業。

*2 利用油脂萃取花香的技術。

康乃馨 *Dianthus caryophyllus*　　*Maria Sibylla Merian（1647-1717）*

康乃馨除了是母愛的代表之外，還有魅力和尊敬的涵義，在古羅馬，康乃馨被當作供品獻給神，又稱為「宙斯之花」。

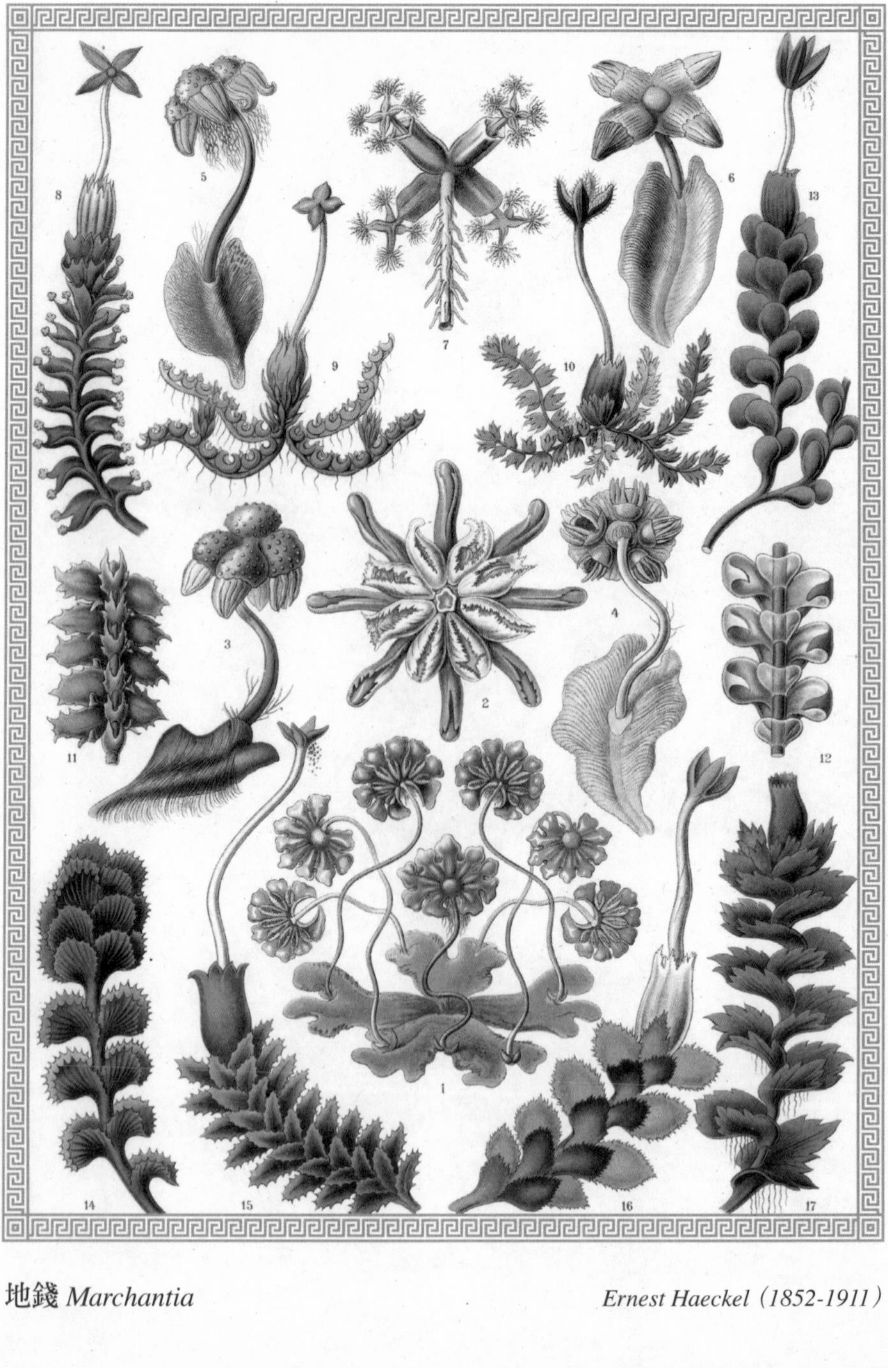

地錢 *Marchantia*　　*Ernest Haeckel*（*1852-1911*）

自然公園72

花的智慧

作者　墨利斯・梅特林克
翻譯　陳蓁美
總編輯　林美蘭
文字編輯　楊嘉殷

發行人　陳銘民
發行所　晨星出版有限公司
台中市407工業區30路1號
TEL：(04)23595820　FAX：(04)23597123
E-mail:service@morningstar.com.tw
http://www.morningstar.com.tw
行政院新聞局局版台業字第2500號
法律顧問　甘龍強 律師
製作　知文企業(股)公司　TEL：(04)23591803
初版　西元2005年06月30日

總經銷　知己圖書股份有限公司
郵政劃撥：15060393
〈台北公司〉台北市106羅斯福路二段79號4F之9
TEL:(02)23672044　FAX:(02)23635741
〈台中公司〉台中市407工業區30路1號
TEL:(04)23595819　FAX:(04)23597123

定價 180 元
（缺頁或破損的書，請寄回更換）
ISBN-957-455-858-4
Published by Morning Star Publishing Inc.
Printed in Taiwan

國家圖書館出版品預行編目資料

花的智慧／墨利斯・梅特林克(Maurice Maeterlinck)
◎著 陳蓁美 ◎譯－－初版.－－臺中市：晨
星，2005〔民94〕
譯自：*L'Intelligence des Fleurs*
面； 公分.－－(自然公園；72)

ISBN 957-455-858-4(平裝)

370 94007355

◆讀者回函卡◆

讀者資料：

姓名：＿＿＿＿＿＿＿＿　　性別：□ 男　□ 女

生日：　／　／　　身分證字號：＿＿＿＿＿＿＿＿

地址：□□□＿＿＿＿＿＿＿＿

聯絡電話：　（公司）　（家中）

E-mail ＿＿＿＿＿＿＿＿

職業：□ 學生　□ 教師　□ 內勤職員　□ 家庭主婦
□ SOHO族　□ 企業主管　□ 服務業　□ 製造業
□ 醫藥護理　□ 軍警　□ 資訊業　□ 銷售業務
□ 其他＿＿＿＿

購買書名：花的智慧

您從哪裡得知本書： □ 書店　□ 報紙廣告　□ 雜誌廣告　□ 親友介紹
□ 海報　□ 廣播　□ 其他：＿＿＿＿

您對本書評價： （請填代號 1. 非常滿意　2. 滿意　3. 尚可　4. 再改進）

封面設計＿＿＿版面編排＿＿＿內容＿＿＿文／譯筆＿＿＿

您的閱讀嗜好：

□ 哲學　□ 心理學　□ 宗教　□ 自然生態　□ 流行趨勢　□ 醫療保健
□ 財經企管　□ 史地　□ 傳記　□ 文學　□ 散文　□ 原住民
□ 小說　□ 親子叢書　□ 休閒旅遊　□ 其他＿＿＿＿

信用卡訂購單（要購書的讀者請填以下資料）

書　名	數　量	金　額	書　名	數　量	金　額

□VISA　□JCB　□萬事達卡　□運通卡　□聯合信用卡

•卡號：＿＿＿＿＿＿　•信用卡有效期限：＿＿＿年＿＿＿月

•訂購總金額：＿＿＿＿元　•身分證字號：＿＿＿＿＿＿

•持卡人簽名：＿＿＿＿＿＿（與信用卡簽名同）

•訂購日期：＿＿＿年＿＿＿月＿＿＿日

填妥本單請直接郵寄回本社或傳真（04）23597123

請填妥後對折裝訂，直接投郵即可，免貼郵票。

廣告回函
台灣中區郵政管理局
登記證第267號
免貼郵票

407
台中市工業區30路1號
晨星出版有限公司

請沿虛線摺下裝訂，謝謝！

更方便的購書方式：

(1)信用卡訂閱　填妥「信用卡訂購單」，傳眞至本公司。
或　填妥「信用卡訂購單」，郵寄至本公司。

(2)郵政劃撥　帳戶：知己圖書股份有限公司　帳號：15060393
在通信欄中塡明叢書編號、書名、定價及總金額即可。

(3)通　　信　塡妥訂購人資料，連同支票寄回。

◉如需更詳細的書目，可來電或來函索取。
◉購買單本以上9折優待，5本以上85折優待，10本以上8折優待。
◉訂購3本以下如需掛號請另付掛號費30元。
◉服務專線：(04)23595819-231　FAX：(04)23597123
E-mail:itmt@morningstar.com.tw

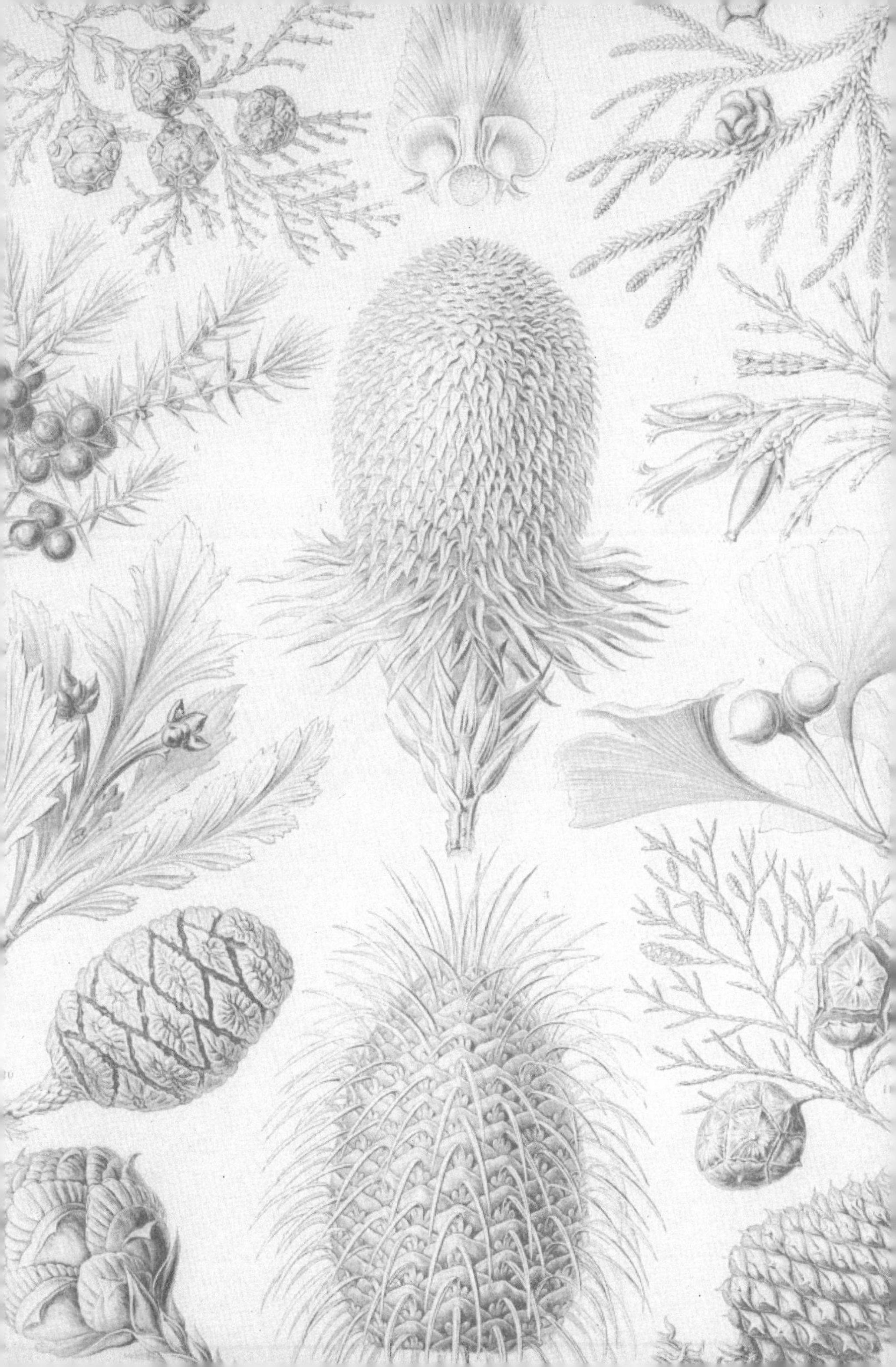

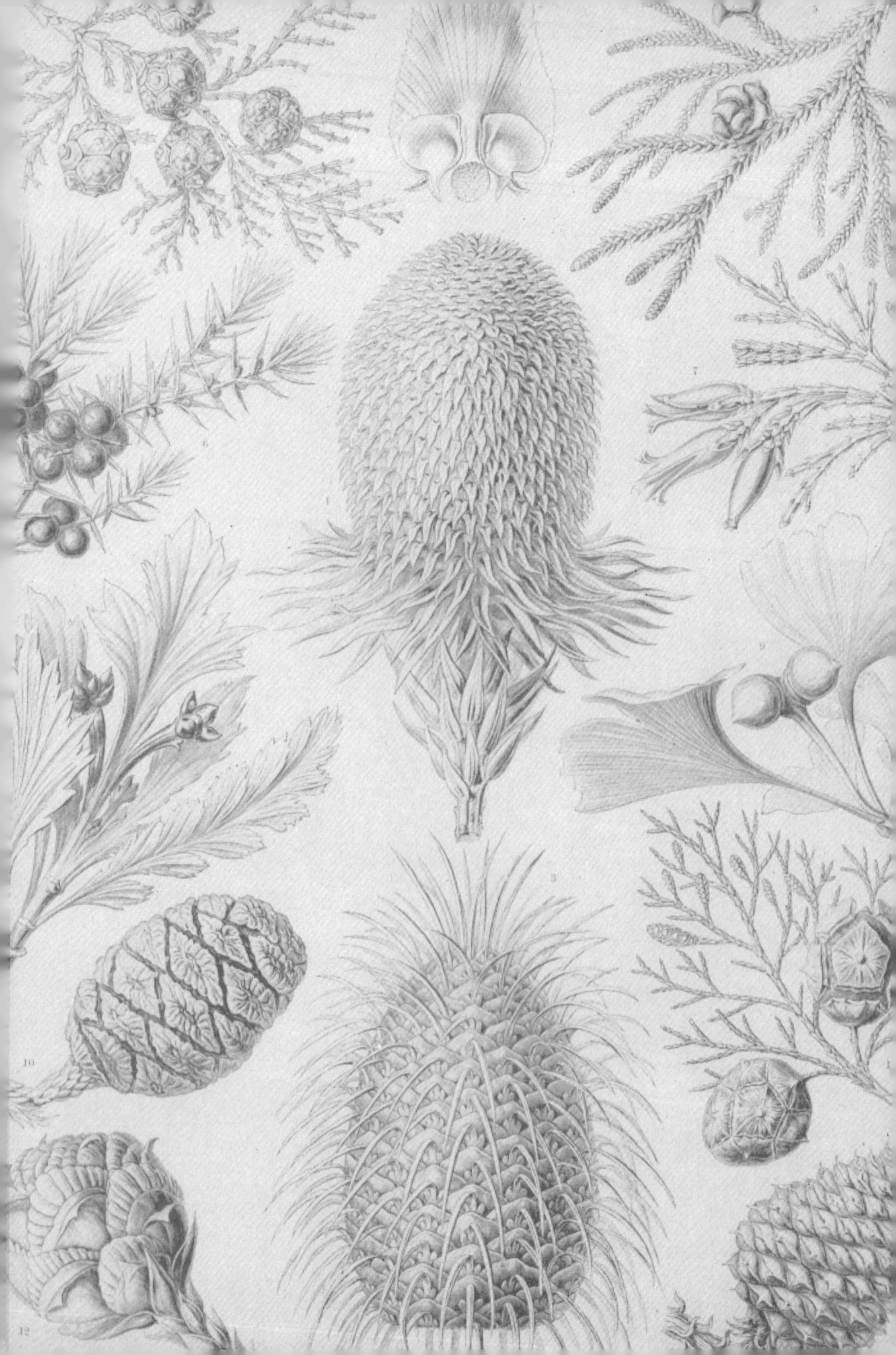
10
12